工程师实用手册系列丛书

GPS RTK 测量技术实用手册

Manual of GPS RTK Surveying Technology

张冠军　张志刚　于　华◎编著

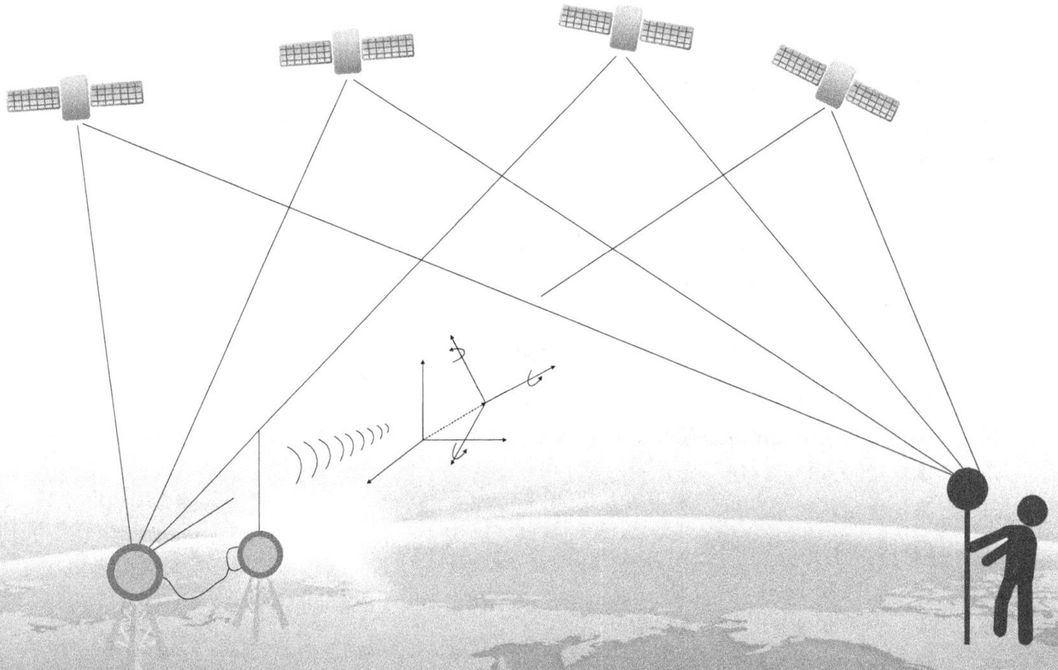

人民交通出版社股份有限公司

北京

内 容 提 要

本书系统阐述了GPS RTK测量内容，包括：RTK的产生、定义、特点、原理、误差与精度、技术设计、坐标和高程转换、基本操作、各类工程中的应用、道路放样及网络RTK技术等。

本书可供GPS RTK测量技术人员使用，也可作为高等院校测量专业学生实习、广大测量工程技术人员参考用书。

图书在版编目(CIP)数据

GPS RTK测量技术实用手册/张冠军等编著. —北京：人民交通出版社股份有限公司，2014.12

ISBN 978-7-114-11610-0

Ⅰ.①G… Ⅱ.①张… Ⅲ.①全球定位系统—测量—技术手册 Ⅳ.①P228.4-62

中国版本图书馆CIP数据核字(2014)第187140号

书　　名：**GPS RTK测量技术实用手册**
著 作 者：张冠军　张志刚　于　华
责任编辑：杜　琛
出版发行：人民交通出版社股份有限公司
地　　址：(100011) 北京市朝阳区安定门外外馆斜街3号
网　　址：http：//www.ccpress.com.cn
销售电话：(010) 59757973
总 经 销：人民交通出版社股份有限公司发行部
经　　销：各地新华书店
印　　刷：北京虎彩文化传播有限公司
开　　本：720×960　1/16
印　　张：12.5
字　　数：210千
版　　次：2014年12月　第1版
印　　次：2023年8月　第7次印刷
书　　号：ISBN 978-7-114-11610-0
定　　价：35.00元

前言

近年来，随着全球导航卫星系统（GNSS）的快速发展，除美国的GPS外，俄罗斯的格洛纳斯（GLONASS）、欧盟的伽利略（GALILEO）和中国的北斗（BD）在技术方面也取得了长足进步，但就RTK测量技术来说，目前仍以全球定位系统实时动态测量（GPS RTK）技术在工程领域应用最为广泛。2009年，我国第一部关于RTK接收机检定的行业规范——《全球导航卫星系统（GNSS）测量型接收机RTK检定规程》（CH/T 8018—2009）颁布；2010年，第一部关于RTK测量的行业规范——《全球定位系统实时动态测量（RTK）技术规范》（CH/T 2009—2010）颁布。这些规范的颁布对RTK测量技术在我国工程领域发展起到了重要的推动和指导作用。

GPS RTK技术给工程测量生产几乎带来革命性的变化，它改变了传统的角度、距离测量模式，以及受环境、通视等条件的限制，在不需要通视的情况下，可以远距离、实时完成厘米级定位测量，具有节省人力、全天候、快速、实时、高精度、适用范围广等优点，极大地提高了工程测量工作效率。国内有关GPS测量的教材、图书均以GPS静态测量为主，有的没有涉及RTK测量，有的仅简单介绍了这种测量方式的概念，尚无一本专门介绍RTK测量的教材或专著。在生产实践中，RTK测量操作均以各仪器厂商的说明书为主，说明书仅有仪器操作步骤，缺乏对原理、工程应用、精度控制等方面的阐述，针对性和指导性不强，测量中出现问题往往找不到或搞不清实质性缘由。所以，包括作者在内的广大测量技术人员，尤其是初学者，迫切希望有本专门的系统介绍RTK测量技术方面的书籍进行学习和参考。作为测绘行业的从业者，虽然不是研究RTK的专家，但源于对测绘工作的热爱，源于在工作中和RTK测量的朝夕相伴，作者由此萌生了将十几年来从事GPS RTK测量工作进行一些总结，编写成国内第一本专门介绍RTK测量技术的实用型手册类图书的想法。本书旨在能对刚刚接触RTK测量或对使用RTK测量的人员有所帮助，同时也可作为测量专业学生实习、广大测量工程技术人员参考用书。

全书共分八章，内容主要包括：RTK的产生、定义、特点、原理、误差与精度、技术设计、坐标和高程转换、基本操作、各类工程中的应用、道路放样及网络RTK技术等。手册内容较为全面、系统，通俗易懂，工程应用性和可操作性较强。

本书由铁道第三勘察设计院集团有限公司张冠军、张志刚和山东省临沂市城市建设勘察测绘院于华三位高级工程师/注册测绘师共同编著。其中,第一、二、四、六章由张冠军完成,第三、七章由张冠军、张志刚共同完成,第五章由张志刚完成,第八章由张志刚、于华共同完成,全书由张冠军统稿。在本书的编写过程中,铁道第三勘察设计院集团有限公司副总程师、全国工程勘察设计大师王长进,人民交通出版社编辑杜琛等人给予了指导和帮助,在此一并表示感谢。

由于作者所从事铁路、城市行业测绘的局限及本身水平有限,对理论上的深入探讨和研究有所欠缺,手册中不足之处在所难免,真诚希望测量专家及同行给予批评指正。

作 者

2014 年 12 月 于天津

目录

第一章　绪论 1

一、RTK 的产生 1
二、RTK 的定义 4
三、RTK 的特点 5
四、RTK 测量技术应用范围 7
五、RTK 有关术语 8

第二章　RTK测量技术原理 12

一、RTK 测量技术基本原理 12
二、网络 RTK 技术 15
三、RTK 的组成 16
四、RTK 的作业流程 17
五、RTK 误差分析及精度控制 19

第三章　技术设计 26

一、出工准备 26
二、作业方案设计 33

第四章　坐标和高程转换参数的求解 40

一、常用坐标系统 40
二、坐标转换 43
三、高程系统 48
四、高程拟合 52
五、时间系统 57
六、转换参数求解实作 60

第五章 RTK基本操作 64

一、基准站作业 64
二、流动站设置 75
三、电台设置 78
四、测量与放样 84
五、数据处理 90

第六章 RTK测量 96

一、RTK 控制测量 96
二、地形测量 100
三、水下地形测量 101
四、土方测量 102
五、既有铁路测量 104

第七章 RTK线路放样 119

一、线路设计 119
二、中线测设 135
三、数据处理 142

第八章 网络RTK技术 148

一、CORS 技术及现状 148
二、网络 RTK 技术原理 151
三、网络 RTK 基本操作 159
四、网络 RTK 操作实例 162
五、网络 RTK 质量控制 178

附录A RTK测量技术设计书和技术总结的编写内容 182

附录B RTK仪器常规检校表式 184

附录C 参考点的转换残差及转换参数表 185

附录D RTK外业观测记录格式 186

参考文献 192

第一章 绪论

一、RTK 的产生

1973 年 12 月，美国国防部批准其陆海空三军联合研制新的卫星导航系统——NAVSTAR/GPS。它是英文 Navigation Satellite Timing and Ranging/Global Positioning System 的缩写词，其意为卫星测时测距导航 / 全球定位系统，简称 GPS 系统。该系统是以卫星为基础的无线电导航定位系统，具有全能性（陆地、海洋、航空和航天）、全球性、全天候、连续性和实时性的导航、定位和定时的功能，能为各类用户提供精密的三维坐标、速度和时间。

GPS 系统利用设置在地面或运动载体上的专用接收机，接收卫星发射的无线电信号实现导航定位。GPS 系统由三部分组成，如图 1-1-1 所示，即空间的卫星星座、地面控制系统及用户的接收处理装置。

空间部分有 24 颗卫星，其中 21 颗为工作卫星，3 颗为备份卫星。工作卫星均匀分布在 20200km 高的六个轨道平面上，运行周期为 11h58min（恒星时 12h）。GPS 卫星发射的信号由载波、测距码和导航电文三部分组成。GPS 卫星所用可调制信号的高频振荡波——载波有两个，由于它们均位于微波的 L 波段，故分别称为 L_1 载波和 L_2 载波。其中，L_1 的频率 f_1 为 1575.42MHz，其波长 λ_1 为 19.03cm；L_2 的频率 f_2 为 1227.60MHz，波长 λ_2 为 24.42cm。测距码是用于测定从卫星至接收机间距离的二进制码，属于伪随机噪声码。测距码分为粗码（C/A 码）和精码（P 码或 Y 码）两类。C/A 码只调制在 L_1 载波上，P 码同时调制在 L_1 和 L_2 载波上。导航电文是由 GPS 卫星向用户播发的一组反映卫星在空间的位置、卫星的工作状态、卫星钟的修正参数、电离层延迟修正参数等重要数据的二进制码，也称数据码（D 码）。卫星通过天顶时，卫星可见时间为 5h，在地球表面上任何地点任何时刻，在高度角 15° 以上，平均可同时观测到 6 颗卫星，最多可达 11 颗卫星。地面控制系统由一个主控站、五个监控站和三个注入站组成，任务是保证卫星导航数据的质量。用户的接收装置由天线、接收机、计算机和数据处理软件等组成。

除美国的 GPS 系统外，俄罗斯于 1996 年建成了格洛纳斯（GLONASS）全球导航卫星系统，欧盟于 2002 年开始建设伽利略（Galileo）系统。我国于 2000 年底发

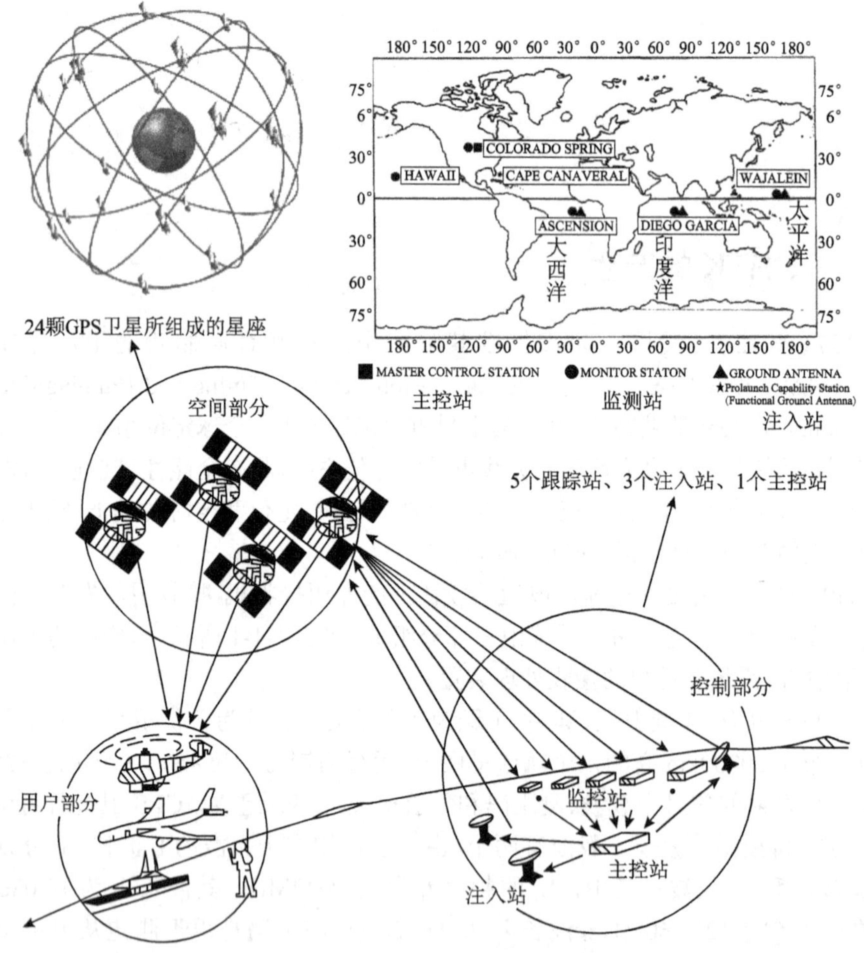

图 1-1-1 GPS 系统的组成

射了两颗北斗导航试验卫星，开始建立我国的北斗卫星导航系统。北斗卫星导航系统[BDS，BeiDou（COMPASS）Navigation Satellite System]是我国正在实施的自主发展、独立运行的全球卫星导航系统。系统建设目标是建成独立自主、开放兼容、技术先进、稳定可靠的覆盖全球的卫星导航系统，促进卫星导航产业链形成，形成完善的国家卫星导航应用产业支撑、推广和保障体系，推动卫星导航在国民经济社会各行业的广泛应用。北斗卫星导航系统由空间段、地面段和用户段三部分组成。空间段包括 5 颗静止轨道卫星和 30 颗非静止轨道卫星；地面段包括主控站、注入站和监测站等若干个地面站；用户段包括北斗用户终端以及与其他卫星导航系统兼容的终端。截至 2012 年 10 月 25 日，其已发射升空 16 颗卫星，北斗卫星导航定位系统在亚太区域的组网已经结束;2013 年向亚太区域提供正式运营服务;根据系统建设总体规划，2020 年左右可建成覆盖全球的北斗卫星导航系统,实现全球导航定位服务功能。

RTK 是 Real Time Kinematic 的简称,翻译成中文的意思为实时动态测量。

RTK 技术起源于 20 世纪 90 年代初,由美国天宝(Trimble)公司发明。美国天宝公司网站(www.trimble.com)的公司历史中记载:"1992 年,天宝开发了实时动态测量(RTK)技术,实现了在移动中 GPS 数据的瞬时更新。对于测量人员来说,这是革命性的变化;从此 GPS 设备可以实时进行地形测量、放样、GIS 数据采集和竣工测量。"❶

美国天宝公司于 1996 年 5 月 10 日申请，1997 年 2 月 11 日发布的专利 U.S.P. No.5602741——《用于实时动态测量的厘米级精度 GPS 接收机》(《Centimeter accurate global positioning system receiver for on-the-fly real-time kinematic measurement and control》)中的参考文献中有:"GPS 硬件和软件方面的新进展，1992 年 6 月 25~26 日,天宝导航在澳大利亚悉尼召开的 GPS 测量全国性会议上提出。"❷

另有，B.Remondi，"'On-The-Fly' Kinematic GPS Results Using Full-wavelength Dual-Frequency Carrier Ranges." No date. [B.Remondi(注:美国大地测量局大地测量学家)，"利用全波长双频载波相位的 GPS 动态初始化结果",无日期。] 另据 1995 年 8 月 15 日发布的专利 U.S.P.No.5442363 中也有相同的参考文献,此文献的来源及日期为"49th Meeting of Inst. of Nav. Jun. 1993"。

在我国出版的文献中,有"1993 年,LAMBDA(最小二乘法多义法去相关校正)算法实现了整周多义性最佳求解,由 Peter Teunissen 完成。同年,实时动态(RTK)技术由美国天宝(Trimble)公司完成,实时动态定位精度达到厘米级,测量人员可以做地形拓扑、监视和实时测量。"(引自曹冲编著的《卫星导航常用知识问答》,电子工业出版社，2010。)

综上所述，"一种崭新的 GPS 测量方法——载波相位实时差分法应运而生。1993 年,天宝(Trimble)公司率先推出的 RTK (Real-Time kinematic)测量系统——GPS 全站仪 4000TD,将 GPS 测地技术推进到了一个新阶段。"(引自《地矿测绘》，1996

---

❶ 原文为：In 1992，Trimble developed real-time kinematic (RTK) technology，allowing moment-by-moment GPS updates while on the move. For surveyors，this was revolutionary; GPS equipment now enabled them to do topographic mapping，stakeout，Geographic Information System (GIS) data acquisition，and as-built surveys in real-time.

❷ 原文为："Recent Advances in GPS Hardware & Software"，Trimble Navigation. Presented at National Conference on GPS Surveying; Sydney，Australia，Jun. 25-26，1992.

年第一期:GPS 专刊第十篇《GPS 测地技术的进展与 RTK》。)

据公开发表的有关文献记载,我国石油物探行业于 1994 年首次在塔里木盆地石油物探测量中引进使用了 RTK 测量技术,随后其在各行各业中逐步得到广泛的应用。在我国出版的 GPS 测量专著中,最早对 RTK 测量系统及应用做了较为全面介绍的是周忠谟等编著的《GPS 卫星测量原理与应用》(1992 年第一版, 1997 年再版),再版对原版的内容做了许多重要的修改和补充,其中补充介绍了实时动态(RTK) GPS 测量技术的基本原理与应用。

1999 年,南方测绘推出我国首套国产双频 RTK——NGK-500;2012 年,我国第一台北斗 RTK——南方 S82c 也在南方测绘问世。随着我国北斗卫星导航定位系统的运营服务,北斗 RTK 也将逐步应用于测量生产实践之中。

二、RTK 的定义

关于 RTK 的定义,主要有以下几种说法。

在《GPS 卫星测量原理与应用》(周忠谟等编著,测绘出版社, 1997 年第二版)中,"实时动态(Real Time Kinematic, RTK)测量系统,是 GPS 测量技术与数据通信技术相结合,而构成的组合系统,是以载波相位观测量为根据的实时差分 GPS 测量技术。"

在《GPS 测量原理及应用(修订版)》(徐绍铨等编著,武汉大学出版社, 2003 年修订)中,"实时动态(Real Time Kinematic,简称 RTK)测量技术,是以载波相位观测量为根据的实时差分 GPS (RTD GPS) 测量技术,它是 GPS 测量技术发展中的一个新突破。实时动态测量的基本思想是,在基准站上安置一台 GPS 接收机,对所有可见 GPS 卫星进行连续地观测,并将其观测数据,通过无线电传输设备,实时地发送给用户观测站。在用户站上, GPS 接收机在接收 GPS 卫星信号的同时,通过无线电接收设备,接收基准站传输的观测数据,然后根据相对定位的原理,实时地计算并显示用户站的三维坐标及其精度。"

在《GPS 测量操作与数据处理》(魏二虎等编著,武汉大学出版社, 2004 年)中,"GPS RTK 概念为:基准站实时地将测量的载波相位观测值、伪距观测值、基准站坐标等用无线电传送给运动中的流动站,在流动站通过无线电接收基准站所发射的信息,将载波相位观测值实时进行差分处理,得到基准站和流动站基线向量(ΔX, ΔY, ΔZ);基线向量加上基准站坐标得到流动站每个点 WGS84 坐标,通过坐标转换参数转换得出流动站每个点的平面坐标 x, y 和海拔高 h,这个过程称作 GPS RTK 定位过程。"

在我国测绘行业标准《全球定位系统实时动态测量（RTK）技术规范》（CH/T 2009—2010）中，“RTK 技术是全球卫星导航定位技术与数据通信技术相结合的载波相位实时动态差分定位技术，它能够实时地提供测站点在指定坐标系中的三维定位结果。”

在城建行业标准《卫星定位城市测量技术规范》（CJJ 73—2010）中对 RTK 测量方式进行了说明，“ RTK 测量可采用单基站 RTK 测量和网络 RTK 测量两种方式进行。单基站 RTK 测量方式是临时架设 1 个（或多个）基准站，在小区域范围内采用电台或 GPRS、CDMA 等无线通信方式向流动站用户发播差分改正数的一种测量方式。”

在国家标准《工程测量规范》（GB 50026—2007）条文说明中，“ RTK 又称载波相位差分方法，是近十年来逐渐普及的一项新技术。其基本原理是：基准站实时地将测量的载波相位观测值、伪距观测值、基准站坐标等用无线电台实时传送给流动站，流动站将载波相位观测值进行差分处理，即得到基准站和流动站间的基线向量（ΔX，ΔY，ΔZ）；基线向量加上基准站坐标即为流动站 WGS84 坐标系的坐标值，经坐标转换得出流动站在地方坐标系的坐标和高程值。”

三、RTK 的特点

GPS 系统具有定位精度高、观测时间短、测站间无须通视、可提供三维坐标、操作简便、全天候作业、功能多且应用广等特点。GPS 的发展对于传统的测量技术是一次巨大的冲击。一方面它使经典的测量方法面临一场重大的变革，另一方面也进一步加强了大地测量学与其他学科之间的相互渗透，从而促进测绘科学技术的现代化发展。RTK 测量技术不仅具有 GPS 系统的这些基本特点，也具有其独特之处，下面对其优缺点总结如下。

（一）优点

（1）作业效率高

在一般的地形地势下，高质量的 RTK 设站一次即可覆盖 5~10km 半径的测区，大大减少了传统测量所需的控制点数量和测量仪器的搬站次数，仅需一人操作，每个点只需要测量几秒钟，就可以完成放样或测量作业。在道路定线测量中，每小组（3~4 人）每天可完成中线测量 6~8km，在中线放样的同时完成中线高程测量工作。若用其进行地形测量，每小组每天可以完成 0.8~1.5km^2 的地形图测绘，其精度和效率是常规测量所无法比拟的。在铁路定测中线测量中，若采用传统作业方式，线路定测分为控制导线、交点、中线及中平四个作业环节，即使将交点、中线合并为一个作业环节，导线组需 5~7 人，交点中线综合组需 7~9 人，中平组需 4~6 人。而运用 RTK 技术，以上四个作业环节可以省去定测导线测量这项工作，其余可合并为一个作业环节，实现单人单机操作，加上必要的写桩人员和基准站配备人员，一套（4 台）RTK 系统仅需 7~10 人，可形成 3 个作业组，且外业数据自动记录，内业数据处理十分方便，外业在投入相同人员的情况下，综合效率是传统作业的 6 倍以上。

（2）定位精度高，没有误差积累

不同于传统的全站仪、水准仪等测量设备，其在多次搬站后，不存在误差累积的情况。只要满足 RTK 作业的基本工作条件，在一定的作业半径范围内（一般为 5km），RTK 测量平面精度和高程精度都能达到厘米级，且不存在误差积累。

（3）全天候作业

RTK 技术不要求两点间满足光学通视，只需满足电磁波通视和对空通视的要求，因此和传统测量相比，在传统测量看来由于地形复杂、地物障碍而造成的困难通视地区，RTK 技术作业受障碍通视条件、能见度、气候、季节等因素的影响和限制较小，几乎可以全天候作业。

（4）RTK 作业自动化、集成化程度高

RTK 可胜任各种测绘外业。流动站配备高效手持操作手簿，内置专业软件可自动实现多种测绘功能，减少人为误差，保证了作业精度。

（二）缺点

虽然 RTK 技术有着常规仪器所不能比拟的优点，但经过多年的工程实践证明，也存在以下几方面不足。

（1）受卫星状况限制

GPS 系统的总体设计方案是在 1973 年完成的，受当时的技术条件限制，总体设计方案自身存在很多不足。随着时间的推移和用户要求的日益提高，GPS 卫星的空间组成和卫星信号强度都存在不能完全满足实际需要的问题，即当卫星系统位置对美国来说处最佳位置的时候，其他一些国家在某一特定的时间段不能被卫星有效覆盖。例如，在中、低纬度地区每天总有两次盲区，每次 20~30min，处盲区时，卫星几何图形结构强度低，RTK 测量很难得到固定解。同时，由于信号强度较弱，在对空遮挡比较严重的地方 GPS 无法正常应用。

（2）受电离层影响

在中午时段，GPS 测量受电离层干扰大，共用卫星数少，因而 RTK 初始化时间长甚至不能初始化，也就无法进行测量。

(3)受数据链电台传输距离影响

数据链电台信号在传输过程中易受外界环境影响，如高大山体、建筑物和各种高频信号源的干扰，其在传输过程中衰减严重，影响作业半径和测量精度。另外，当 RTK 作业半径超过一定距离时，测量结果误差超限，所以 RTK 的实际作业有效半径比其标称半径一般要小，工程实践和专门研究都证明了这一点。

(4)受对空通视环境影响

在山区、林区、城镇密楼区等地作业时，GPS 卫星信号被阻挡几率较多，信号强度低，可捕获卫星空间分布结构差，容易造成失锁，重新初始化困难甚至无法完成初始化，影响正常作业。

(5)受高程异常问题影响

RTK 作业模式要求高程的转换必须精确，目前使用高程拟合法进行，高程精度受到既有已知高程控制点的精度和密度及测区高程异常未知的影响。我国现有的大地水准面模型分辨率还不高，在有些地区，尤其是山区，模型的高程异常存在较大误差，在有些地区还是空白，这就使得将 GPS 大地高转换至海拔高程的工作变得比较困难，精度也不均匀，影响 RTK 的高程测量精度。

(6)不能达到 100%的可靠度

RTK 确定整周模糊度的可靠性为 95%~99%，在稳定性方面不及全站仪，这是由于 RTK 较容易受卫星状况、天气状况、数据链传输状况等影响的缘故。

四、RTK 测量技术应用范围

RTK 测量技术适用于平面和高程控制测量、地形测量及其他相应精度的定位测量。

1. 各种控制测量

RTK 控制测量适用于布测外业数字测图、摄影测量与遥感以及等级较低的工程测量项目基础控制点。传统的大地测量、工程控制测量采用三角网、导线网方法来施测，不仅费工费时，要求点间通视，而且精度分布不均匀，且在外业时不知精度如何；采用常规的 GPS 静态测量、快速静态、伪动态方法，在外业测设过程中也不能实时知道定位精度，如果测设完成后，回到内业处理后发现精度不合要求，还必须返测。而采用 RTK 来进行控制测量，能够实时知道定位精度，如果点位精度要求满足了，用户就可以停止观测，测一个控制点在几分钟甚至于几秒钟内就可完成，而且还知道观测质量如何。如果把 RTK 用于公路、铁路、水利工程等各种等级要求不高的控制测量，不仅可以大大减少人力强度、节省费用，而且能够大大提高工作效率。

2. 地形测图

RTK 地形测图适用于外业数字测图的图根测量和碎部点数据采集。以往，测地形图时一般首先要在测区建立图根控制点，然后在图根控制点上架上全站仪或经纬仪配合小平板测图，现在发展到外业用全站仪和电子手簿配合地物编码，利用大比例尺测图软件来进行测图，甚至于发展到最近的外业电子平板测图等，都要求在测站上测四周的地形地貌等碎部点，这些碎部点都与测站通视，而且一般要求至少 2~3 人操作，在拼图时一旦精度不合要求还需要到外业去返测。采用 RTK 时，仅需一人背着仪器在要测的地形地貌碎部点待上几秒种，并同时输入特征编码，通过手簿可以实时知道点位精度，把一个区域测完后回到室内，使用专业的软件接口就可以输出所要求的地形图，这样用 RTK 仅需一人操作，不要求点间通视，大大提高了工作效率。采用 RTK 配合电子手簿可以测设各种地形图，如普通地形图、铁路线路带状地形图、公路、管线地形图等，配合测深仪可以用于测水下地形图和航海海洋测图等。

3. 工程放样

工程放样是工程测量的重要内容之一，在勘测设计、工程施工中经常用到，它就是用一定的测量仪器和方法将图上设计的点、线、面等要素的平面位置或高程测设到实地的测量工作。过去采用常规的放样方法很多，如经纬仪交会放样、全站仪的边角放样等。一般要放样出一个设计点位时，往往需要来回移动目标，而且要 2~3 人操作，同时在放样过程中还要求点间通视情况良好，在生产应用上效率较低；有时放样中遇到障碍物等困难时，需要转点、现场重新计算放样要素后才能再次放样。若采用 RTK 技术放样，仅需把设计好的点位坐标输入到电子手簿中，背着 GPS 接收机，无须考虑和已知控制点的通视，流动站手簿内程序会自动计算放样要素，既快捷又方便，由于 GPS 是通过坐标来直接放样的，误差不会累积，放样精度均匀，因而在外业放样中效率得到大大提高。由此，其在公路、铁路、管道、电力等行业得到广泛应用。

4. 其他工程上的应用

RTK 技术也可用于其他工程纵、横断面测量等其他碎部测量，以及在航空摄影测量、水下地形测量等中提供实时导航定位，还可应用在特大桥梁的动态变形监测等方面。

五、RTK 有关术语

(1)GPS，Global Positioning System

全球定位系统。

（2）GNSS，Global Navigation Satellite System

全球导航卫星系统。

（3）DGPS，Differential GPS

差分 GPS。

（4）RTK，Real Time Kinematic

实时动态定位。

（5）RTD，Real Time DGPS

实时差分 GPS。

（6）WGS，World Geodetic System

世界大地坐标系。

（7）CGCS2000，China Geodetic Coordinate System 2000

2000 中国国家大地坐标系。

（8）同步观测，Simultaneous Observation

两台或两台以上接收机同时对同一组卫星进行的观测。

（9）基准站（参考站），Reference Station

在一定的观测时间内，一台或几台接收机分别固定在一个或几个测站上，一直保持跟踪观测卫星，其余接收机在这些测站的一定范围内流动设站作业，这些固定测站就称为基准站。

（10）流动站，Roving Station

在基准站的一定范围内流动作业的接收机所设立的测站。

（11）天线相位中心（APC），Antenna Phase Center

指微波天线的电气中心，其理论设计值应与天线几何中心一致。

（12）天线高，Antenna Height

观测时接收机相位中心至测站中心标志面的高度。

（13）截止高度角，Elevation Mask Angle（cut off Elevation）

为了屏蔽遮挡物（如建筑物、树木等）及多路径效应的影响所设定的角度阀值，低于此角度视野域内的卫星不予跟踪。

（14）空间位置精度因子（PDOP 值），Position Dilution of Precision

指空间三维坐标精度因子，PDOP 值考虑了测站、各观测卫星的空间几何构形对测站定位精度的影响。反映定位精度衰减的因子，与所测卫星的空间几何分布有关，空间分布范围越大，PDOP 值越小，定位精度越高；反之，PDOP 值越大，定位精度越低。

（15）几何精度因子（GDOP 值），Geometric Dilution of Precision

指四维几何精度因子，GDOP 值综合考虑了测站、各观测卫星的空间几何构形及钟差测定对测站定位精度的影响。

（16）整周模糊度（整周未知数），Integer Ambiguity

未知量，是从卫星到接收机间测量的载波相位的整周期数。

（17）大地高，Ellipsoidal Height

空间点沿椭球面法线方向至椭球面的距离。

（18）正常高，Normal Height

地面点沿铅垂线至似大地水准面的距离。

（19）数据链，Data Link

在 GPS RTK 中，数据链指数据传输的通信设备或指将数据从基准站（参考站）传送给流动站的数据链路。

（20）RTCM，Radio Technical Commission for Maritime services

海事无线电技术委员会。

（21）UTC，Coodinated Universal Time

协调世界时。

（22）中继站，Relay Station

是负责接收并转发无线电信号的电台。中继站可以接收、转发信号，既接收由基准站电台发送的信号又将接收到的信号发送出去，一般是外置的独立电台。

（23）初始化，Initialization

指 RTK 测量前在流动站上通过短时间观测，有基准站电台发射信号，通过流动站电台接收，测定载波相位观测值的整周模糊度的过程。

（24）OTF，On The Fly

OTF 是运动中求解整周模糊度的英文术语 On The Fly 的字头缩写，即动态初始化，是 RTK 测量中初始化的一种方法。采用这种方法进行初始化时，流动站不需要静止或放置在已知点上，是一种方便、快捷、被普遍采用的初始化方法。

（25）固定解，Fixed Solution

卫星载波相位观测量的整周未知数的整数解叫固定解。

（26）浮动解，Float Solution

不能确定卫星载波相位观测量的整周未知数的整数解，包含少部分不是整周的未知数，叫浮动解。

（27）单基准站 RTK 测量，Single Reference Station for RTK Surveying

只利用一个基准站，并通过数据通信技术接收基准站发布的载波相位差分改正参数进行 RTK 测量。

（28）网络 RTK，Network RTK

指在一定区域内建立多个基准站，对该地区构成网状覆盖，并进行连续跟踪观测，通过这些站点组成卫星定位观测的网络解算，获取覆盖该地区和某时间段的 RTK 改正参数，用于该区域 RTK 用户进行实时 RTK 改正的定位方式。

（29）观测次数，Observation Times

同一流动站初始化观测的次数。

（30）历元，Epoch

指一个时期和一个事件的起始时刻或者表示某个测量系统的参考日期。

（31）VRS，Virtual Reference Stations

虚拟参考站技术。

（32）CORS，Continuously Operating Reference System

连续运行参考系统。

（33）MAC，Master-Auxiliary Concept

主辅站技术。

（34）FKP，Flachen Korrektur Parameter

即区域改正数技术。

第二章 RTK测量技术原理

一、RTK 测量技术基本原理

RTK 的工作原理是将一台接收机置于基准站上，另一台或几台接收机置于载体（称为流动站）上，基准站和流动站同时接收同一时间、同一 GPS 卫星发射的信号，基准站实时地将测量的载波相位观测值、伪距观测值、基准站坐标等用无线电传送给运动中的流动站，而流动站通过无线电接收基准站所发射的信息，将载波相位观测值实时进行差分处理，得到基准站和流动站基线向量（ΔX，ΔY，ΔZ）；基线向量加上基准站坐标得到流动站每个点 WGS84 坐标，通过坐标转换参数转换得出流动站每个点的平面坐标 x，y 和正常高 h。

基准站与流动站之间的联系，即由基准站计算出的改正数发送到流动站的手段是靠数据链完成的。单基站 RTK 数据链由调制解调器和电台组成。调制解调器（Modem）是将改正数进行编码和调制，然后输入到电台上发射出去。流动站将其接收下来，并将数据解调后，送入 GPS 接收机进行改正。电台是将调制后的数据变成强大的电磁波辐射出去，能在作用范围内提供足够的信号强度，使流动站能可靠地接收。发射频率和辐射功率的选择是数据链的重要问题，它视作用距离而定。网络 RTK 是在数据中心使用调制解调器，通过 GSM 拨号或者 GPRS 无线上网获取的网络 RTK 改正数据。通过 GSM 或者 GPRS，只要作用区内有 GSM 或者 GPRS 信号，流动站用户就可以进行定位。

用户站发送和接收的差分改正、原始观测数据、位置等信息可采用多种通信方式传输。RTK 地面通信链依赖于业余无线电，蜂窝通信网络、数字集群系统，甚至网络技术等。传输速度由 30bit/s 到 2Mbit/s 不等。实时观测数据和差分改正信息的数据传输格式由美国航海无线电技术委员会（RTCM）定义。1985 年，根据美国航海无线电技术委员会 104 特别委员会的建议制定了基准站和流动站改正数据传输的标准。目前的 3.1 版本记为 RTCM 标准 10403.1。由于 3.1 版的电文与 2.x 版不兼容，104 特别委员会为了兼容性而明确规定 3.1 版本和 2.3 版本为目前版本。虽然最初采用 RTCM 格式是为了海上的差分服务，但是它目前被用于所有的应用领域来传输各种 GNSS 数据。

RTCM 标准 2.3（即 RTCM 标准 10402.3）定义了 64 种不同的电文类型，表 2-1-1 列出了部分电文。电文由序列字序列组成，每个字的长度为 30 位，每个字的最后 6 位为校检位。每个电文以 2 个或 3 个序列字组成的电文开始，第一个字包含一个固定的前导码、电文类型标识符及基准站的标识符；第二个字包含帧的时间标记、序列号、电文长度及基准站健康状态标识符；有的电文头含有第三个序列字。整个电文的最大长度为 33 个字。

RTCM2.3 版本的电文类型精选　　表 2-1-1

电文类型	名　称	电文类型	名　称
1	GPS 差分改正	18	未改正的 RTK 载波相位
2	GPS 差分改正差值	19	未改正的 RTK 码伪距
3	GPS 基准站参数	20	RTK 载波相位改正数
9	GPS 部分卫星组	21	RTK 码伪距改正数
10	P 码差分改正	31	GLONASS 差分改正数
11	GPS C/A 码 L1、L2 差分改正	32	GLONASS 差分基准站参数
15	电离层延迟电文	59	业主专用电文
17	GPS 星历		

传统的 DGPS 需要第 1、第 2 和第 9 类电文以获得米级精度。RTK 利用第 18~21 类的电文以得到厘米级的精度。在 2.0 版本中已包含 1~17 类的电文，第 18~21 类的电文从版本 2.1 开始加入，每个电文含有三个序列字组成的头。2.2 以后的版本提供与 GLONASS 有关的电文，版本 2.3 又加入了用于改进 RTK 的电文。RTCM 版本 3 的定义增强了信息传输的有效性和奇偶检校的完整性。版本 3 专门针对 RTK 和网络 RTK 的大量数据传输进行了设计。电文由一个 8 位的前导码、10 位的电文长度标识符、6 位预留的考虑今后应用的附加码组成。数据区的最大长度为 1024B，后面紧接差一个 24 位的循环冗余检验（CRC）。RTCM 标准详细电文可通过网站 www.rtcm.org 获得。

在卫星定位静态测量数据处理中，主要任务是求解基线向量。因此它的计算程序是：利用三差求解出近似的基线长度，再利用浮动双差法求解出相位模糊度和基线矢量。将求得的相位模糊度凑整后，进行固定双差的计算，最后求解出精密的基线向量。

但在卫星定位动态应用中，RTK 数据处理是基准站和流动站之间的单基线处理过程，采用基准站和流动站的载波相位观测值的差分组合载波相位，将动态的流动站未知坐标作为随机的未知参数，载波相位的整周模糊度作为非随机的未知参数解算。RTK 数据处理要求的不是基线向量，而是流动站所在的实时位置。

载波相位差分，可使实时三维定位精度达到厘米级。载波相位差分技术是实时处理两个测站载波相位观测量的差分方法。载波相位差分方法分为两类：一类是修正法，另一类是差分法。所谓修正法，即将基准站的载波相位修正值发送给用户，改正用户接收到的载波相位，再求解坐标。所谓差分法即是将基准站采集的载波相位发送给用户，进行求差解算坐标。可见，修正法属准 RTK，差分法为真正 RTK。载波相位观测量相应的方程式为

$$
\begin{aligned}
&R_0^j+\lambda(N_{p0}^j-N_0^j)+\lambda(N_p^j-N^j)+\varphi_p^j-\varphi_0^j \\
&=[(X^j-X_p)^2+(Y^j-Y_p)^2+(Z^j-Z_p)^2]^{1/2}+\Delta d\rho
\end{aligned}
\tag{2-1-1}
$$

式中：N_{p0}^j——用户接收机起始相位模糊度；

N_0^j——基准点接收机起始相位模糊度；

N_p^j——用户接收机起始历元至观测历元相位整周数；

N^j——基准点接收机起始历元至观测历元相位整周数；

φ_p^j——用户接收机测量相位的小数部分；

φ_0^j——基准点接收机测量相位的小数部分；

X^j、Y^j、Z^j——各卫星的地心坐标；

X_p、Y_p、Z_p——用户接收机改正后的坐标；

$\Delta d\rho$——同一观测历元各项残差。

计算过程如下：

（1）在初始化阶段，静态观测若干历元。历元数目的多少取决于流动站到基准站的距离。在数据处理中，重复静态观测的程序，求出相位模糊度，并加以确认此相位模糊度正确无误。

（2）将求出的相位模糊度代入双差方程中，双差方程中只包括 ΔX、ΔY、ΔZ 三个位置分量。此时，只要观测 3 颗卫星，就可进行求解。这样，在实际作业中，观测 4~6 颗卫星，就可实时准确无误地求解 ΔX、ΔY、ΔZ。

（3）将基准站的地心坐标 X_b、Y_b、Z_b 输出，就可求得流动站的地心坐标

$$
\begin{bmatrix} X_r \\ Y_r \\ Z_r \end{bmatrix}_{WGS84}=\begin{bmatrix} X_b \\ Y_b \\ Z_b \end{bmatrix}_{WGS84}+\begin{bmatrix} \Delta X \\ \Delta Y \\ \Delta Z \end{bmatrix}
\tag{2-1-2}
$$

（4）将当地坐标系与地心坐标的转换参数输出，就可得到当地坐标系的直角坐标

$$\begin{bmatrix} X \\ Y \\ Z \end{bmatrix}_{\text{地方}} = \begin{bmatrix} X \\ Y \\ Z \end{bmatrix}_{\text{WGS84}} - \begin{bmatrix} 1 & 0 & 0 & X & 0 & -Z & Y \\ 0 & 1 & 0 & Y & Z & 0 & -X \\ 0 & 0 & 1 & Z & -Y & X & 0 \end{bmatrix} \begin{bmatrix} \Delta X \\ \Delta Y \\ \Delta Z \\ \alpha \\ \beta \\ \gamma \\ m \end{bmatrix} \tag{2-1-3}$$

二、网络 RTK 技术

为了克服单 RTK 技术作业距离有限的缺陷，在 20 世纪 90 年代中期，人们提出了网络 RTK 技术。网络 RTK 的基本原理是在一个较大的区域内稀疏地、较均匀地布设多个基准站，构成一个基准站网，借鉴广域差分 GPS 和具有多个基准站的局域差分 GPS 中的基本原理和方法来设法消除或削弱各种系统误差的影响，获得高精度的定位结果。在网络 RTK 技术中，线性衰减的单点 GPS 误差模型被区域型的 GPS 网络误差模型所取代，用多个基准站组成的 GPS 网络来估计一个地区的 GPS 误差模型，并为网络覆盖地区的用户提供校正数据。国际上主流的网络 RTK 技术主要有以下三种。

1. VRS 技术

VRS（Virtual Reference Stations）技术，全称虚拟参考站技术。VRS 与常规 RTK 不同，VRS 网络中，各固定参考站不直接向移动用户发送任何改正信息，而是将所有的原始数据通过数据通信线发给控制中心。VRS 技术是利用布设在地面上的多个参考站组成 GPS 连续运行参考站（CORS）网络，综合利用各参考站的卫星观测数据，通过软件处理建立精确的误差模型来修正相关误差。同时，移动用户在工作前，先通过 GPRS 或 CDMA 等通信手段向数据控制中心发送一个概略坐标，数据控制中心收到这个位置信息后，根据用户位置，由计算机自动选择最佳的一组固定基准站，根据这些站发来的信息，整体地改正 GPS 的轨道误差、电离层、对流层和大气折射引起的误差，将高精度的差分信号发给流动站。这个差分信号的效果相当于在流动站旁边，生成一个虚拟的参考基站，从而解决了 RTK 作业距离上的限制问题，并保证了用户的精度要求。

2. MAC 技术

MAC（Master-Auxiliary Concept）技术是由瑞士 Leica 公司基于主辅站概念推出的新一代参考站技术。主辅站技术是基于多基站、多系统、多频和多信号非差分处理方法，是从参考站网以高度压缩的形式将所有相关的、代表整周未知数水平的观测数据作为网络的改正数据播发给流动站。它本质上是区域改正数技术的一种优化。选择距离流动站最近的一个有效的参考站作为主站，一定半径范围内至少有两个其他有效的参考站作为辅站。主站和辅站自动组成一个单元进行网解，Leica 的数据处理中心播发给流动站的数据由两个部分组成：一部分是主参考站的位置信息及改正信息；另外一部分是辅参考站相对于主参考站的改正信息。一个参考站网中只有一个主站，剩下的都是辅站，当然这个主站是不固定的。Leica 的主辅站技术不需要用户播发位置信息，所以在这条通信线路上是单向通信的（最新的 Leica 技术也需要流动站发数据给基准站）。

3. FKP 技术

FKP（Flachen Korrektur Parameter）技术，即区域改正数技术。它是由德国 GEO++ 公司提出的全网整体解算模型，是一种动态模型。它要求所有参考站将每一个瞬时采集的未经差分处理的同步观测值实时传回数据处理中心，通过数据处理中心实时处理，产生一个称为 FKP 的空间误差改正参数，然后将这些参数通过扩展信息发送给服务区内的所有流动站进行空间位置解算。

三、RTK 的组成

RTK 系统是由一个基准站和若干个流动站、通信系统及相关软件组成，如图 2-3-1 所示。

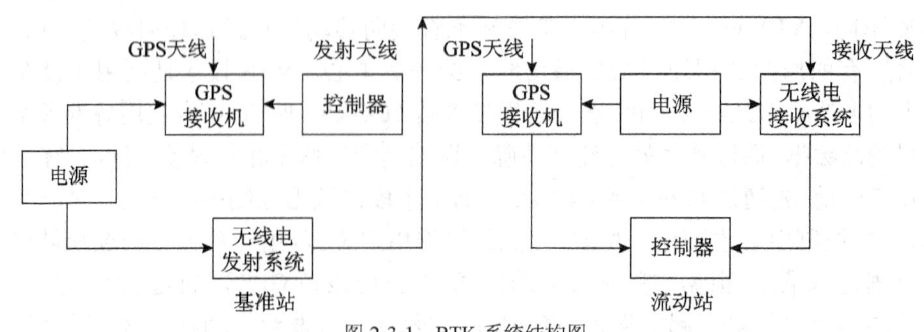

图 2-3-1　RTK 系统结构图

（一）GPS 接收机

1. 基准站接收机

包括 GPS 双频 RTK 接收机、天线和天线电缆、电源、三脚架、基座和连接器、仪器运输箱等。

2. 流动站接收机

包括GPS双频RTK接收机、天线和天线电缆、流动站数据链电台套件、手簿托架、流动杆、流动站背包(分体机需要)、仪器运输箱等。

(二)无线电数据链

1. 基准站发射电台

一般为外置的独立电台。

2. 流动站接收电台

一般内置在GPS接收机内部,也有外置的独立电台。

3. 中继站电台

可以转发接收站信号,既接收机基准站发送的信号又将接收信号发送出去,一般是外置的独立电台。

(三)测量控制器

测量控制器也称为数据采集器或电子手簿。由于GPS RTK作业过程中,流动站一般将GPS接收机和电台背在背上,为了便于建立测量项目和坐标系统,设置测量形式和参数、电台参数,实时查看、存储测量坐标和精度,设计放样坐标或参数,指导放样等,一般采用手持式的测量控制器比较方便。

(四)软件

RTK测量外业时使用的测量控制器装有数据采集和实时处理软件, RTK内业数据处理配置有计算机后处理软件。

四、RTK的作业流程

RTK的作业流程主要包括工程准备、数据转换、基准站设置、电台设置、流动站设置、流动站外业测量、数据内业传输处理、数据检查、提交成果等。具体作业流程详见图2-4-1。工程准备是接到任务后,收集相关资料,必要时应到现场踏勘,以确定本任务是否可以采用RTK作业以及在RTK作业前需要准备的一些工作。数据转换主要包括坐标和高程系统的转换,求解基准坐标参数,以及工程设计数据所需要测量与放样格式的转换。基准站设置、电台设置、流动站设置、流动站外业测量是RTK的外业测量内容。数据内业传输处理、数据检查、提交成果是RTK作业的内业工作内容。这些作业流程中的工作内容将在后面的章节里进行介绍。

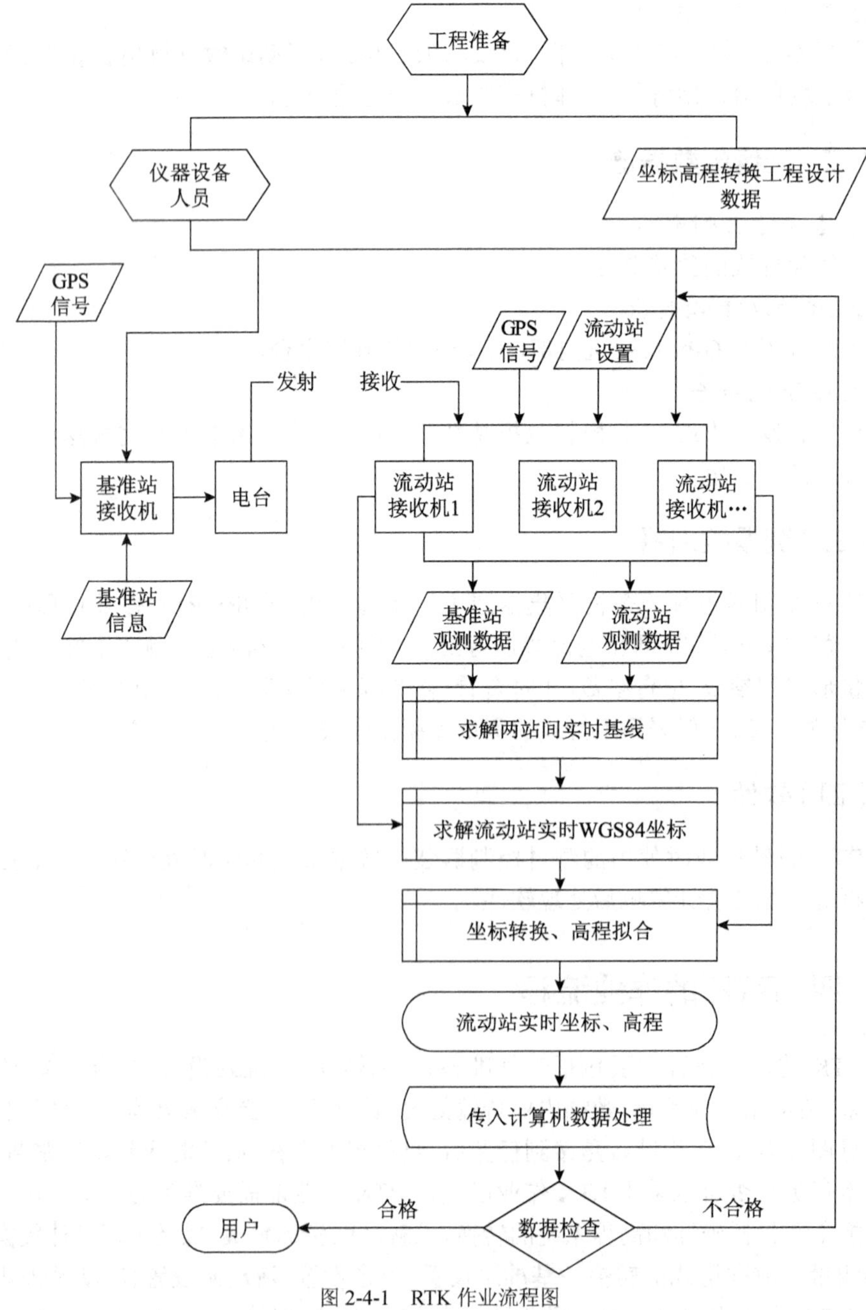

图 2-4-1 RTK 作业流程图

五、RTK误差分析及精度控制

(一)RTK误差分析

1. 与卫星有关的误差

(1)卫星星历误差

由卫星星历所给出的卫星位置与卫星的实际位置之差称为卫星星历误差。星历误差的大小主要取决于卫星定轨系统的质量,如定轨站的数量及其地理分布、观测值的数量及精度、定轨时所有的数学力学模型和定轨软件的完善程度等。此外,与星历的外推时间间隔(实测星历的外推时间间隔可视为零)也有直接关系。

在影响GPS测量精度的众多误差源中,轨道误差是主要误差源。轨道误差对基线测量的影响可用式(2-5-1)表示

$$\mathrm{d}b \approx \frac{D}{\rho}\mathrm{d}r \approx \frac{D(\mathrm{km})}{25000(\mathrm{km})}\mathrm{d}r \tag{2-5-1}$$

式中:$\mathrm{d}r$——轨道误差;

D——基线长;

ρ——卫星至地球表面距离,大约为25000km;

$\mathrm{d}b$——基线误差。

表2-5-1给出了轨道误差对不同长度基线的影响。

轨道误差对不同长度基线的影响 表2-5-1

轨道误差(m)	基线长度(km)	基线精度(ppm)	基线误差(mm)
2.5	1	0.1	0.1
	10	0.1	1
	100	0.1	10
	1000	0.1	100
0.5	1	0.002	0.002
	10	0.002	0.02
	100	0.002	0.2
	1000	0.002	2

注:ppm=10^{-6}

(2)卫星钟的钟误差

卫星上虽然使用了高精度的原子钟,但它们也不可避免地存在误差,这种误差既包含着系统性的误差(如钟差、钟速、频漂等偏差),也包含着随机误差。系

统误差远较随机误差的值大，而且可以通过检验和比对来确定并通过模型来加以改正；而随机误差只能通过钟的稳定度来描述其统计特性，无法确定其符号和大小。

（3）相对论效应

相对论效应分为广义相对论和狭义相对论。

①狭义相对论。由于卫星钟被安置在高速运动的卫星中，按照狭义相对论的观点会产生时间膨胀的现象，对 GPS 卫星钟的影响：若卫星在地心惯性坐标系中的运动速度为 V_s，则在地面频率为 f 的钟安置到卫星上，其频率 f_s 将变为

$$f_s = f\left[1-(\frac{V_s}{c})^2\right]^{1/2} \approx f(1-\frac{V_s^2}{2c^2}) \tag{2-5-2}$$

两者的频率差为

$$\Delta f_s = f_s - f = -\frac{V_s^2}{2c^2}\cdot f_0 \tag{2-5-3}$$

考虑到 GPS 卫星的平均运动速度 V_s=3874m/s 和真空中的光速 c=299792458m/s，则

$$\Delta f_s = -0.835\times10^{-10} f_0 \tag{2-5-4}$$

因此，卫星上钟的频率将变慢。

②广义相对论。原理：由广义相对论可知，若卫星所处的重力位为 W_s，地面测站处的重力位为 W_T，那么同一台钟放在卫星上和放在地面上时钟频率将相差

$$\Delta f_2 = \frac{W_s - W_T}{c^2}\cdot f_0 = \frac{\mu}{c^2}\cdot f_0(\frac{1}{R}-\frac{1}{r}) \tag{2-5-5}$$

其中，μ=3.986005×10^{14}m^3/s^2，为万有引力常数和地球质量的乘积。

若地面的地心距 R 近似取 6378km，卫星的地心距近似取 26560km，则

$$\Delta f_2=5.284\times10^{-10}f_0 \tag{2-5-6}$$

由此可以看出，对 GPS 卫星而言，广义相对论效应的影响比狭义相对论效应的影响要大得多，且符号相反。总的相对论效应影响则为

$$\Delta f=\Delta f_1+\Delta f_2=4.449\times10^{-10}f_0 \tag{2-5-7}$$

既然总的相对论效应会使一台钟放到卫星上去后比在地面时增加 $4.449\times10^{-10}f_0$，那么解决相对论效应的最简单的办法就是在制造卫星钟时预先把频率降低 $4.449\times10^{-10}f_0$。卫星钟的标准频率为 10.23×10^{6}Hz，所以厂家在生产时应把频率降为

$$10.23\times10^6\text{Hz}\times(1-4.449\times10^{-10})=10.22999999545\times10^6\text{Hz} \tag{2-5-8}$$

当这些卫星进入轨道受到相对论效应的影响后，频率正好变为标准频率 10.23×10^{6}Hz。

在该问题的讨论中，取 r=26560km，也就是说，是将 GPS 卫星轨道视作圆轨道进行讨论的，此时，狭义相对论效应和广义相对论效应均为常数，用降低卫星钟频率加以消除。实际上，GPS 卫星轨道是一个椭圆，卫星至地心的距离及卫星的运动速度 V，都将随时间的变化而变化。所以，严格来讲，狭义相对论效应和广义相对论效应都是时间的函数，每颗卫星的改正并不相同。

2. 与 GPS 信号传播有关的误差

与 GPS 信号传播有关的误差主要是大气折射误差和多路径效应。

（1）电离层延迟

电离层（含平流层）是高度在 60~1000km 间的大气层。在太阳紫外线 X 射线、γ 射线和高能粒子的作用下，该区域内的气体分子和原子将产生电离，形成自由电子和正离子。带电粒子的存在将影响无线电信号的传播，使传播速度发生变化，传播路径产生弯曲，从而使信号传播时间 t 与真空中光速 c 的乘积 $\rho=tc$ 不等于卫星至接收机的几何距离，产生所谓的电离层延迟。电离层延迟取决于信号传播路径上的总电子含量 TEC 和信号的频率 f。而 TEC 又与时间、地点、太阳黑子数等多种因素有关。测距码伪距观测值和载波相位观测值所受到的电离层延迟大小相同，但符号相反。

（2）对流层延迟

对流层是高度在 50km 以下的大气层。整个大气中的绝大部分质量集中在对流层中。GPS 卫星信号在对流层中的传播速度 $V=c/n$。其中，c 为真空中的光速；n 为大气折射率，其值取决于气温、气压和相对湿度等因子。此外，信号的传播路径也会产生弯曲。由于上述原因使距离测量值产生的系统性偏差称为对流层延迟。对流层对测距码伪距和载波相位观测值的影响是相同的。

（3）多路径误差

多路径误差是经某些物体表面反射后到达接收机的信号，如果与直接来自卫星的信号叠加干扰后进入接收机，就将使测量值产生系统误差，是 RTK 定位测量中最严重的误差。多路径误差一般为 5cm，高反射环境下可达 19cm。

多路径误差对测距码伪距观测值的影响要比对载波相位观测值的影响大得多。多路径误差取决于测站周围的环境、接收机的性能以及观测时间的长短。可通过选择地形开阔、没有反射面的点位、采用具有削弱多路径误差的各种技术、采用扼流圈天线、采用处理数据的新技术等手段和措施予以削弱影响。

3. 与接收机有关的误差

（1）接收机的钟误差

与卫星钟一样，接收机钟也有误差。而且由于接收机中大多采用的是石英钟，因而其钟误差较卫星钟更为显著。该项误差主要取决于钟的质量，与使用时的环境也有一定关系。它对测距码伪距观测值和载波相位观测值的影响是相同的。

（2）接收机的位置误差

在进行授时和定轨时，接收机的位置是已知的，其误差将使授时和定轨的结果产生系统误差。该项误差对测距码伪距观测值的影响是相同的。进行GPS基线解算时，需已知其中一个端点在WGS84坐标系中的坐标，已知坐标的误差过大也会对解算结果产生影响。

（3）接收机的测量噪声

这是指用接收机进行GPS测量时，由于仪器设备及外界环境影响而引起的随机测量误差，其值取决于仪器性能及作业环境的优劣。一般而言，测量噪声的值均小于上述的各种偏差值。观测足够长的时间后，测量噪声的影响通常可以忽略不计。

（4）天线相位中心的位置偏差

天线的机械中心和电子相位中心一般不重合，而且电子相位中心是变化的，它取决于接收信号的频率、方位角和高度角，应对相位中心进行检验和改正。

4. 与基准站有关的误差

基准站已知坐标误差；基准站载波相关误差。

5. 与数据链有关的误差

差分信号调制解调误差；外界环境干扰影响。

6. 与流动站有关的误差

天线对中等人为误差；天线姿态影响。

7. 与数据处理有关的误差

坐标系统转换误差；高程拟合误差；模糊度解算误差；动态基线解算误差。

在进行RTK测量时，通过实时差分及改正模型可消除、减小、忽略大部分误差，在实际作业时应当注意以下几项误差的影响。

（1）注意信号遮挡、多路径效应的影响。在设置基准站和流动站作业时不要有高度角大于15°的卫星信号遮挡，要避开强反射物，如水面、平坦光滑的地面、平整的建筑物。否则，可能会使RTK不能初始化或产生粗差。

（2）对GPS设备要按规定检定、经常进行自检，保证设备状态良好。天线对中、整平误差要符合规范要求，天线高的量取要正确、准确。在作业过程中要仔细检查并确认天线类型、量高方式、天线高正确。

（3）在云层较厚的阴雨天气、大风天气会对卫星信号及电台信号产生较大的测量误差，致使 RTK 测量不稳定，不能进行作业。

（二）RTK 测量精度

1. RTK 测量精度

RTK 测量距离中误差公式为

$$m=\pm\sqrt{a^2+(bD)^2} \tag{2-5-9}$$

式中：a——固定误差（mm）；

b——比例误差系数（ppm）；

D——基准站到流动站的距离（km）。

RTK 放样点间距离 S 由两放样点的坐标反算求得，设有两相邻放样点 1、2，根据两点间距离公式有

$$S=\sqrt{(x_2-x_1)^2+(y_2-y_1)^2} \tag{2-5-10}$$

求全微分得

$$\mathrm{d}S=\frac{x_2-x_1}{S}\mathrm{d}x_2-\frac{x_2-x_1}{S}\mathrm{d}x_1+\frac{y_2-y_1}{S}\mathrm{d}y_2-\frac{y_2-y_1}{S}\mathrm{d}y_1 \tag{2-5-11}$$

由误差传播定律得

$$m_S^2=(\frac{x_2-x_1}{S})^2m_{x1}^2+(\frac{y_2-y_1}{S})^2m_{y1}^2+(\frac{x_2-x_1}{S})^2m_{x2}^2+(\frac{y_2-y_1}{S})^2m_{y2}^2 \tag{2-5-12}$$

对于任意测量点，我们可以假设 $m_x=m_y=m$，则式（2-5-12）可简化为

$$m_S^2=m_1^2+m_2^2 \tag{2-5-13}$$

假设 O 为基准站，则由式（2-5-10）可知，任一放样点 P 到基准站的距离中误差有 $m_{SOP}^2=m_O^2=m_P^2$，一般情况下不考虑基准站的点位中误差，即 $m_O=0$，则放样点 P 的点位中误差即为 RTK 测量距离中误差，即

$$m_P=\pm\sqrt{a^2+(bD)^2} \tag{2-5-14}$$

一般 GPS 接收机的仪器静态测量的标称精度为 ±5mm+1ppm×D，RTK 测量标称精度：平面为 ±10mm+2ppm×D，高程为 ±20mm+2ppm×D。据式（2-5-14）计算 RTK 点位平面中误差 m_H 时，按标称精度 a=10，b=2；计算高程中误差 m_V 时按标称精度 a=20，b=2。

以基准站到流动站的距离 5~10km 为例，计算测量点相对于基准站的点位（高程）中误差。

$$m_H=\pm\sqrt{10^2+(2\times5)^2}=\pm14.1\text{mm} \qquad m_H=\pm\sqrt{10^2+(2\times10)^2}=\pm22.4\text{mm}$$

$$m_V=\pm\sqrt{20^2+(2\times5)^2}=\pm22.4\text{mm} \qquad m_V=\pm\sqrt{20^2+(2\times10)^2}=\pm28.3\text{mm}$$

从以上仪器标称精度和理论计算，RTK 测量精度评定为：

（1）平面精度：满足一级导线点（点位中误差 ±5cm）以下控制测量精度。

（2）高程精度：根据测量点至已知点（校正点）的距离 L（单位：千米），据武汉大学《GPS 测量原理及应用》，按 $\pm 30\text{mm}\sqrt{L}$ =（五等水准测量）计算测量点高程拟合残差的限值。据计算得到的 m_V 可以看出满足五等水准测量精度要求。

2. RTK 测量距离范围

RTK 测量距离根据 RTK 数据链的传播限制和定位精度要求确定，根据测区具体情况，可设置不同的发射天线高度和架设中继站增长传播距离，但 RTK 测量距离一般不宜超过 10km。

数据传输距离与测站天线高度理论上的关系式为

$$D=4.24\times(\sqrt{h_1}+\sqrt{h_2}) \tag{2-5-15}$$

式中：D——数据链覆盖范围的半径，单位为千米（km）；

h_1、h_2——基准站和流动站电台的天线高，单位为米（m）。

3. RTK 测量时间

对于 RTK 数据采集的时间或观测次数，通过实测的方法进行验证。首先已知控制点上安置全站仪，运用一站直接放设了 6 个控制桩，并进行了四等水准测量。用 RTK 测量方式对这些控制桩各设计了 5s、10s、30s、60s、120s、180s 共 6 组不同测量时间的数据采集，测量限差平面 0.020m，高程限差 0.025m，测量结果与全站仪测量值比较见表 2-5-2。结果表明，RTK 测量只要初始化成功获取固定解后，在测量限差范围内与测量时间不成正比关系。

不同测量时间 RTK 数据采集值对比 表 2-5-2

点名	测量时间（s）	RTK 实测三维坐标			与常规测量值较差		
		X（m）	Y（m）	H（m）	ΔX（m）	ΔY（m）	Δ（m）
1	全站仪测量	8566.733	79759.082	29.046			
	5	8566.734	79759.063	29.053	1	−19	7
	10	8566.737	79759.062	29.045	4	−20	−1
	30	8566.732	79759.061	29.054	−1	−21	8
	60	8566.731	79759.065	29.051	−2	−17	5
	120	8566.733	79759.062	29.043	0	−20	−3
	180	8566.735	79759.066	29.045	2	−16	−1
2	全站仪测量	8082.492	80096.143	28.381			
	5	8082.502	80096.144	28.383	10	1	2
	10	8082.499	80096.146	28.382	7	3	1
	30	8082.497	80096.151	28.381	5	8	0

续上表

点名	测量时间(s)	RTK 实测三维坐标			与常规测量值较差		
		X（m）	Y（m）	H（m）	ΔX（m）	ΔY（m）	Δ（m）
2	60	8082.511	80096.148	28.389	19	5	8
	120	8082.505	80096.147	28.403	13	4	22
	180	8082.502	80096.147	28.391	10	4	10
3	全站仪测量	7507.969	80496.047	27.709			
	5	7507.963	80496.066	27.722	−6	19	13
	10	7507.965	80496.067	27.722	−4	20	13
	30	7507.962	80496.068	27.720	−7	21	11
	60	7507.960	80496.067	27.716	−9	20	7
	120	7507.963	80496.065	27.722	−6	18	13
	180	7507.959	80496.067	27.722	−10	20	13
4	全站仪测量	7343.819	80610.306	27.590			
	5	7343.820	80610.298	27.591	1	−8	1
	10	7343.819	80610.296	27.592	0	−10	2
	30	7343.818	80610.297	27.592	−1	−9	2
	60	7343.822	80610.296	27.595	3	−10	5
	120	7343.829	80610.294	27.600	10	−12	10
	180	7343.828	80610.295	27.603	9	−11	13
5	全站仪测量	6937.549	80893.095	27.398			
	5	6937.538	80893.106	27.401	−11	11	3
	10	6937.539	80893.104	27.408	−10	9	10
	30	6937.539	80893.103	27.411	−10	8	13
	60	6937.540	80893.103	27.408	−9	8	10
	120	6937.537	80893.107	27.403	−12	12	5
	180	6937.538	80893.103	27.400	−11	8	2
6	全站仪测量	6507.477	81192.451	26.785			
	5	6507.474	81192.456	26.785	−3	5	0
	10	6507.474	81192.456	26.785	−3	5	0
	30	6507.470	81192.456	26.782	−7	5	−3
	60	6507.472	81192.453	26.782	−5	2	−3
	120	6507.472	81192.453	26.774	−5	2	−11
	180	6507.488	81192.446	26.779	11	−5	−6

第三章 技术设计

一、出工准备

（一）资料收集

（1）地形图：测区已有的地形图、交通图。

（2）控制点：高等级控制点（平面坐标、高程、WGS84 坐标）、水准点。

（3）工程概况等有关资料测量内容、放样点、线、面资料。

（4）有关技术要求以及其他与测量相关的资料。

（5）进行星历预报。RTK 作业前要进行严格的卫星预报，选取 PDOP ≤ 6，卫星数大于或等于 6 的时间窗口。编制预报表时应包括可见卫星号、卫星高度角和方位角、最佳观测卫星组、最佳观测时间、点位图形几何图形强度因子等内容。卫星预报表的有效期以 20 天为宜，当超过 20 天时，应重新采集一组新的概略星历进行预报。卫星预报时应采用测区中心的经纬度。当测区较大时，应分区进行卫星预报。

（二）设备准备

对 GPS 接收设备应精心爱护和使用，做到定期检修、及时检验与校正，使其经常保持良好状态。

1. RTK 测量接收设备应满足的规定

（1）接收设备应包括双频接收机、天线和天线电缆、数据链套件（调制解调器、电台或移动通信设备）、数据采集器等。

（2）基准站接收设备应具有发送标准差分数据的功能。

（3）流动站接收设备应具有接收并处理标准差分数据功能。

（4）接收设备应操作方便、性能稳定、故障率低、可靠性高。

（5）RTK 测量宜选用优于下列测量精度指标的双频接收机：

平面：±10mm+2ppm×d，高程：±20mm+2ppm×d（d 为基准站至流动站的距离，以 km 计）

2. 接收设备的检验

（1）新购置的或经维修的接收机必须进行全面检验，使用的接收机应定期检验，经检定符合要求的应由检定机构出具检定证书，对于不满足要求的应出具检定结果通知书，注明不合格项目。检定周期一般不超过一年。

（2）每次开工前进行常规检验。

RTK 仪器常规检校包括：一般检视、通电检验、基准站与流动站的数据链联通检验、数据采集器与接收机的通信联通检验、对中器及水准器的检校。检验内容和表式见附录 B RTK 仪器常规检校记录表。

（3）接收设备的全面检验应包括以下内容：

①一般检视。

②通电测试。

③试测检验。

（4）一般检视应包括下列内容：

①接收机、天线、数据链设备及手簿均应保持外观良好，允许有不影响计量性能的外观缺陷。检定对象应无碰伤、划痕、胶漆和腐蚀。部件结合处不应有缝隙，密封性良好，紧固部分不应有松动现象。

②接收机主机、天线、数据链及手簿控制器应标有仪器型号及序列号，天线类型应与主机匹配。

③数据链类型与接口应与接收机匹配，基准站与流动站数据链设备应匹配。

④手簿控制器接口应与接收机接口匹配。

⑤各种配件齐全。

⑥设备使用手册、后处理软件手册应齐全，软件须有效。

（5）通电检查：

①接收机自检功能应正常。

②与电源正确连接后，各部分（包括主机、数据链和手簿控制器等）有关信号灯、按键、显示系统等工作状态应正常。

③利用自测试命令检测仪器工作必须正常；接收机锁定卫星的时间快慢、信噪比及信号失锁情况应符合厂方指标。

④基准站数据链发射状态与流动站数据链接收状态及指示应正常。

⑤手簿控制器自检及相关软件应启动正常，并应能正确显示接收机及数据链状态。手簿控制器软件应能根据要求设置基准站与流动站的各项参数。其中，基准站参数包括：基准站坐标、数据链类型、数据传输间隔、发射频率、天线高度、卫星的控制及输出数据格式类型等。流动站参数包括：数据链类型、接收机频率或通道、观测质量控制、测量项目的管理、RTK 数据采集、存储和传输及放样功能等。

⑥数传电台应满足《数传电台通用规范》（GB/T 16611—1996）。此外，还应

能满足传输频率符合国家无线电管理委员会的要求。应有多个数据传输频点且频点应可调，调制参数应与接收机相应接口的通信参数一致，波特率不应低于9600bit/s，数据传输延迟时间应小于1s，具备电源反接保护等功能。

（6）测试检验应进行下列内容（由有检定资质的部门检验）：

①接收机内部噪声水平的测试。

②接收机天线相位中心稳定性检验。

③接收机作业性能及不同测程精度指标测试。

（7）接收机附件的检验应符合下列规定：

①天线连接件（含天线与基座连接、天线与单杆连接）、各种电缆的型号及接头必须配套完好。

②天线基座或单杆的圆水准器、天线高量尺的长度应经常进行检验和校正。

③基座光学对点器在作业中应经常进行检验，应确保对中的准确性。

④电池、充电器功能必须完好。

⑤接收机数据传输接口配件及软件必须齐全，数据传输功能应正常。

（8）接收设备检验项目和检验周期应符合表3-1-1的规定。

RTK 设备检验规定　　表3-1-1

检 验 项 目	类　别	
	Ⅰ	Ⅱ
接收机一般检视	+	+
接收机通电测试	+	+
接收机内部噪声水平测试	+	+
天线相位中心稳定性检验	+	-
接收机作业性能及不同测程精度指标测试	+	-
接收机附件的检验与校正	+	+
RTK 测量精度	+	+
RTK 测量重复性精度	+	+
RTK 初始化时间	+	-
RTK 初始化最大距离	+	-
手簿控制器软件功能	+	-
数传电台功能	+	-

注：1. Ⅰ代表新购置的和修理后的GPS接收机的检定。

2. Ⅱ代表使用中的GPS接收机的定期检定。

3. “+”代表必须检验项目。

4. “-”代表非必须检验项目。

5. Ⅱ类各项目检定周期一般不超过1年。

3. 计量性能

RTK 计量性能要求见表 3-1-2。

RTK 计量性能要求　　表 3-1-2

序号	检 定 项 目	计量性能要求
1	RTK 测量精度	$\leqslant \sigma$
2	RTK 测量重复性精度	$\leqslant \sigma$
3	RTK 初始化时间	≤ 3min
4	RTK 初始化最大距离	满足标称精度
5	RTK 测量附件	光学对中器在 1.5m 高处对点误差应小于 1mm 流动杆气泡在 1m 处对点误差应小于 1.5mm

注：1. σ 为标称精度，单位为毫米(mm)。

2. $\sigma = \pm\sqrt{a^2 + (bd)^2}$

式中：a——仪器标称固定误差(mm)；

b——仪器标称比例误差系数，单位为毫米每千米(mm/km)；

d——基准站到流动站的距离，单位为千米(km)。

4. 检定条件

(1)检测应在 WGS84 坐标系下进行。

(2)检视应在光线条件(阳光或灯光)良好的情况下进行。

(3)通电检视及野外检定应确保电源电压符合接收机及数据链设备正常工作要求。

(4)RTK 检定应采用实际卫星信号。

(5)检定应在仪器标称的工作环境条件下进行。

(6)至少应接收 5 颗高度角大于 15° 的单星座导航定位卫星，且卫星分布情况应良好，PDOP 值应小于 6。

(7)接收机附近应无信号遮挡，无振动源，无强电磁干扰。

(8)检定场应至少由 6 个点构成，基线间长度应以 2~5km 为宜，基线精度应优于 1×10^{-6}。作为基准站的点，其绝对地心坐标（WGS84）精度应优于 1m。检定场各点的相互位置可以在同一直线上，如图 3-1-1 所示，也可以组成网状，如图 3-1-2 所示，仪器架设的对中误差应小于 1mm，天线高应在三个方向上量取，其较差不超过 3mm 并取均值。

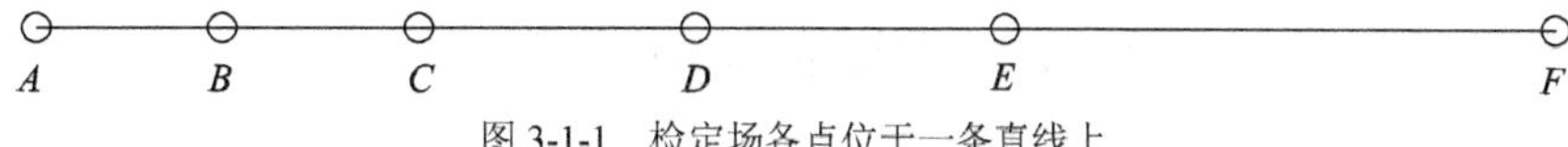

图 3-1-1　检定场各点位于一条直线上

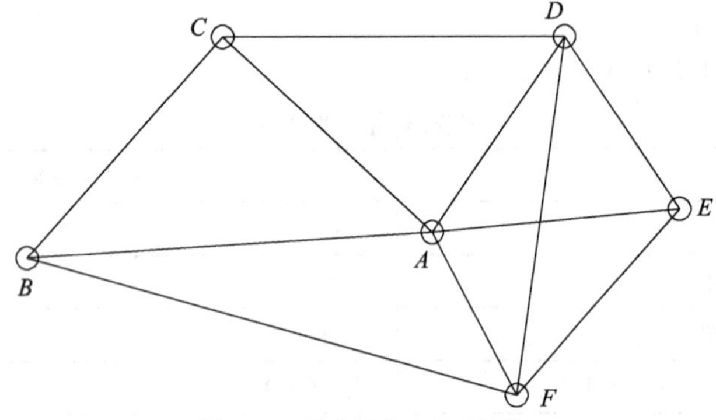

图 3-1-2 检定场各点组成网状

5. 检定方法

(1)RTK 测量精度和重复性精度

架设好基准站并设置基准站各项参数(包括基准站坐标、天线高、基准站电台频率、数据传输通道等),启动基准站使其正常工作,连接并设置流动站,进行初始化。

待初始化成功后,依次将流动站置于检定场内其他各点进行 RTK 测量数据采集,在每个点上要输入正确的天线高,每个点上记录不少于 20 个测量结果(WGS84 坐标),最少在四个点上进行数据采集。

RTK 测量精度 m_s 和重复性精度 m_r 用式(3-1-1)计算

$$\left.\begin{aligned} D_i &= \sqrt{\left[\left(X_0 - X_i\right)^2 + \left(Y_0 - Y_i\right)^2 + \left(Z_0 - Z_i\right)^2\right]} \\ m_s &= \sqrt{\frac{\sum_{i=1}^{n}\left(D_0 - D_i\right)^2}{n}} \\ m_r &= \sqrt{\frac{\sum_{i=1}^{n}\left(\overline{D} - D_i\right)^2}{n-1}} \end{aligned}\right\} \tag{3-1-1}$$

式中:X_0、Y_0、Z_0——基准站坐标(m);

X_i、Y_i、Z_i——流动站实测坐标(m);

n——RTK 观测记录的坐标数;

m_r——RTK 测量重复性精度(m);

m_s——RTK 测量精度;

D_i—— 流动站实测的到基准站的距离(m);

D_0—— 观测点到基准站的已知距离(m);

$\overline{D}$—— n 个 D_i 的平均值。

(2)RTK 初始化时间

将基准站置于已知点上并设置好各项参数,启动基准站正常工作。流动站分别选择(通过选择时间窗口或者选择可用卫星来实现)在 3.0 < GDOP < 4.0、2.0 < GDOP < 3.0、1.0 < GDOP < 2.0 的条件下进行初始化时间的测试,分别记录在上述三种情况下初始化成功的时间,取初始化时间最大值作为检定结果。

(3)RTK 初始化最大距离

将基准站架设在理想的位置处,流动站在不同测程的已知点上进行测试,实际测试流动站可收到基准站信号并完成 RTK 定位时,取距基准站的最大距离为 RTK 初始化最大距离。

(4)光学对中器

光学对点器的检验与校正方法如下。

①把光学对中器安置在检验台或三脚架上,沿对中器视准轴分别在 0.8~1.5m 处设置标志板,并使标志中心与对中器视准轴重合;然后旋转检验台或光学对中器,观测对中器视准轴的偏离量,重复 3 次取均值,以其偏离量的 1/2 作为检定结果。

②先找到分 120° 方向三个位置所构成的误差三角形的中心,然后用校正拨针把两个水平校正螺钉放松,旋转 45°,使十字丝能随着另一个竖直螺钉的运动而移动。放松竖直螺钉的锁定环,然后旋转这个螺钉,直至看到水平十字丝对准误差三角形的中心,再将两个水平螺钉拧紧各 45°,稍微放松其中一个,并立即上紧另一个螺钉,再拧紧锁定环,但不要拧得太紧或太松,否则光学对点器不会保持在校正的位置上。

③校正完成后,应再检验一次。

(5)流动杆

在地面上设置标志板,将流动杆垂直树立在标志板中心位置,保持流动杆上气泡位置居中,在距离流动杆 10m 处架设光学经纬仪(或全站仪),利用经纬仪竖丝照准流动杆气泡所在水平位置的中心,然后沿竖直方向转动经纬仪望远镜,直到观测到流动杆底部,观察并量取此时望远镜照准位置与标志板中心的距离;将流动杆在水平方向旋转 90°,重复上述步骤进行检定。

6. 接收机的维护

(1)接收机应有专人保管,运输期间应有专人押送,并应采取防振、防潮、防晒、防尘、防蚀和防辐射等防护措施。

(2)接收设备的接头和连接器应保持清洁,电缆线不应扭折,不应在地面拖拉、碾砸。连接电源前,电池正负极连接应正确,观测前电压应正常。

(3)当接收设备置于楼顶、高标或其他设施顶端作业时,应采取加固措施,在大风和雷雨天气作业时,应采取防风和防雷措施。

(4)作业结束后,应及时对接收设备进行擦拭,并放入有软垫的仪器箱内;仪器箱应置放于通风、干燥阴凉处,保持箱内干燥。

(5)接收设备在室内存放时,电池应在充满状态下存放,应每隔 1~2 个月存放电一次。

(6)仪器发生故障,应转交专业人员维修。

(三)其他准备

(1)根据工作内容情况确定是否进行现场踏勘和调查测区,为编写技术设计、生产组织设计、成本预算提供依据。主要了解下列情况:

①交通情况:公路、铁路、乡村便道的分布及通行情况。

②水系分布情况:江河、湖泊、池塘、水渠的分布,桥梁、码头及水路交通情况。

③植被情况:森林、草原、农作物的分布及面积。

④已知控制点的等级、坐标、高程系统,点位的数量及分布,点位标志的保存状况等。

⑤居民点分布情况,测区内城镇、乡村居民点的分布,食宿及供电情况。

⑥当地风俗民情:民族的分布,习俗及地方方言,习惯及社会治安情况。

(2)测量人员组织及岗位分工。

(3)计算机及其测量数据处理软件。

(4)车辆、通信及其他工具。

(5)办公及消耗材料。

(6)进行费用预算。

(7)制订测量生产组织计划。

(四)技术设计书的编制

RTK 测量设计书编制的具体内容见附录 A,技术方案设计具体方法和内容见下节。

二、作业方案设计

（一）技术设计依据

RTK 测量一般只是完成测绘生产项目中使用的一种技术手段，在实际工作中也同项目一样可划分为方案设计、外业实施及内业数据处理三个阶段。技术设计的依据主要有 RTK 测量规范、项目依据的其他测量规范以及测量任务书或合同书。

1. 测量规范

（1）《全球导航卫星系统（GNSS）测量型接收机 RTK 检定规程》（CH/T 8018—2009）。

（2）《全球定位系统实时动态（RTK）测量技术规范》（CH/T 2009—2010）。

（3）项目所涉及测绘内容依据的其他测量规范。

2. 测量任务书或合同书

测量任务书是测量单位的上级主管部门下达的具有强制约束力的文件，任务书常用于下达计划指令性任务。测量合同书是由业主方或上级主管部门与测量实施单位所签订的合同，该合同书经双方协商同意并签订后便具有法律效力。测量实施单位必须按照测量任务书或测量合同中所规定的测量任务的目的、用途、范围、精度和密度要求进行施测，在规定时间内提交合格的成果及相关资料。

（二）基准设计

GPS 测量获得的是 GPS 基线向量，它属于 WGS84 坐标系的三维坐标差，而实际我们需要的是工程所用坐标系（国家坐标系或地方独立坐标系）的坐标。RTK 测量之前，需要收集和使用测区内高等级的 GPS 控制点，在建立 GPS 控制网时已经明确了 GPS 控制点所采用的基准。对于 RTK 测量来说，其基准和所使用的控制网应一致，且在测量中实时进行基准的转换。

GPS 网的基准包括位置基准、方位基准和尺度基准。

在 RTK 基准设计时，应充分考虑以下几个问题。

（1）为求定 RTK 基准转换参数，在选择测区内已知控制点时，理论上平面至少应有 2 个控制点，高程至少应有 1 个控制点。在实际作业中，应根据工程测量内容及精度要求具体来确定，一般平面控制点不少于 3 个，高程点不少于 4 个为宜，控制点应包围整个测区且均匀分布。

（2）RTK 测量的位置基准、方位基准和尺度基准，也就是 WGS84 和 RTK 测量工程所使用的坐标系之间的基准转换。

（3）RTK 测量的高程基准是使用已知 GPS 点的大地高和正常高所进行的测区内的高程拟合。

（4）在 RTK 工程测量中，一般采用的是地方独立或工程坐标系，应该了解以下参数。

①所采用的参考椭球。

②投影方式。

③坐标系的中央子午线经度。

④纵、横坐标加常数。

⑤坐标系的投影面高程及测区平均高程异常值。

（三）精度设计

1. RTK 测量的精度要求（见表 3-2-1）

RTK 测量精度　　表 3-2-1

等　级	精度要求	测量方式	流动站距基准站距离（km）
等外控制点	平面：最弱点位中误差≤ 5cm 高程：满足 $30\sqrt{L}$	对中架、三脚架对中整平	≤ 5
地形测量 中线测量 断面测量	平面：最弱点位误差≤ 10cm 高程：最弱高程误差≤ 10cm 重要工点及特征点按等外控制点进行	手扶对中杆	≤ 10

2. RTK 测量具体技术质量要求（见表 3-2-2）

GPS RTK 测量具体技术质量要求　　表 3-2-2

内　容	限　差	内　容	限　差
卫星高度角	≥ 15°	PDOP 值	≤ 6
有效卫星总数	≥ 5	RMS	≤ 0.02m
控制桩测量时间	15~30s	中桩、地形点测量时间	5~10s
控制桩 QC 平面限差	±15mm	控制桩 QC 高程限差	±20mm
中桩、地形点 QC 平面限差	±25mm	中桩、地形点 QC 高程限差	±30mm
控制桩放样平面误差	±10mm	中桩测设平面偏差	±5cm
控制桩里程取位	0.01m	中桩里程取位	0.1m

3. 不同测量规范对 RTK 测量的技术要求(见表 3-2-3)

不同测量规范对 RTK 测量的技术要求对比表 表 3-2-3

内容 \ 规范名称	全球定位系统实时动态测量(RTK)技术规范(国家测绘局 CH/T 2009—2010)	卫星定位城市测量住房和城乡规范(建设部 CJJ/T 73—2010)	铁路工程卫星定位测量规范(原铁道部 TB 10054—2010)	公路勘测细则(交通部 JTG/TC 10—2007)
RTK 测段范围			不宜大于 20km	
流动站至基准站的距离	控制桩或转点站≤ 5km 中线桩、地形、横断面≤ 10km	控制测量:已知起算点为四等及以上时,≤ 6km;四等以下时≤ 3 km 地形测量:已知起算点为四等及以上时,≤ 15km;四等以下时,≤ 10km	控制测量≤ 5km 中线测量≤ 8km 地形测量≤ 10km	≤ 5km 流动站离最近的控制点≤ 2
求解基准转换参数公共点数		平面≥ 3	平面≥ 4 高程≥ 4	平面≥ 4 高程≥ 4
求解基准转换参数残差	平面≤ 20mm	平面≤ 20mm	平面≤ 15mm 高程≤ 20mm	
流动站作业前检测已知点平面互差	X、Y ≤ 70mm	≤ 50mm	≤ 15mm	桩位检测限差的 0.7 倍
流动站作业前检测已知点高程互差		≤ 50mm	≤ 30mm	二级公路及以上≤ 35mm 三级公路及以下≤ 70mm
重设基站后检测中桩或组间互检限差	平面≤ 40mm 高程≤ 40mm		控制桩平面≤ 25mm 高程≤ 50mm 中桩≤ 100mm	
中桩放样平面偏差			控制桩、转点≤ 10mm 中桩≤ 70mm	
测量收敛值	平面≤ 20mm 高程≤ 30mm	平面≤ 20mm 高程≤ 30mm		

（四）测区划分

由于 RTK 测量电台作业范围的限制和便于生产组织，以及保证坐标转换精度的需要，在面积大或线路长且控制点较多的测区，往往在作业过程中将整个测区划分成若干个作业区，应用各作业区范围内的控制点分别进行坐标转换集的求解，并在各作业区进行具体的外业测量工作。作业区的划分以 RTK 电台所能覆盖的范围和控制点的分布特点来进行，每个作业区均要符合坐标转换对控制点数量和密度的要求，控制点包围且均匀分布在作业区内，不同作业区间接边处留有一定范围的重叠，在坐标转换时要共用相邻的控制点。

一般主要有面状测区和带状测区两种情况。

面状测区的划分见图 3-2-1。

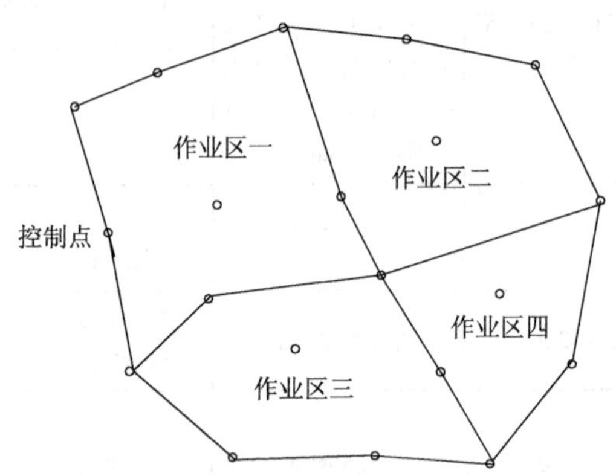

图 3-2-1　面状测区 RTK 作业区划分示意图

线状测区的划分见图 3-2-2。

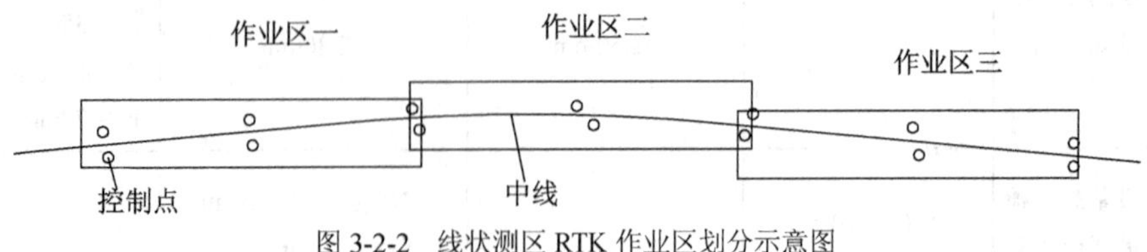

图 3-2-2　线状测区 RTK 作业区划分示意图

（五）质量控制及成果提交

1. 坐标转换和高程拟合的质量控制

用于坐标转换和高程拟合的已知控制点残差按 RTK 测量不同的精度进行控制，一般应符合表 3-2-4 的要求。

已知控制点坐标转换和高程拟合残差限差（单位：mm）　　表 3-2-4

项目＼限差	用于控制测量时残差限差	用于地形碎部测量时残差限差
平面残差(x, y)	15	20
高程残差(h)	20	30

2. 外业测量的检核

每次作业前必须对已知控制点进行检核，确保 RTK 系统正常。如检查结果超限，必须及时查找原因，直到检验无误方可开始作业。作业过程中，应对测区附近的控制点进行坐标、高程采集测量，随时检查 RTK 系统，确保其工作状态正常。在改变作业测区、基准站迁站、基准站重新启动时，应通过已知控制点及已测量的点对系统进行粗差检核，对比坐标、高程，检核的限差见表 3-2-5。

检核限差表（单位：mm）　　表 3-2-5

检核点类型＼限差	实测值与已知值较差限差	
	平面(x, y)	高程 /h
已知控制点	20	30
RTK 测量的控制点	30	50
中线桩或碎部点	70	100

（1）改变作业测区时的检核要求：

①应在作业测区内某一已知控制点上进行初始化取得固定解，并确认实时坐标和高程正确、系统正常。

②应对相邻作业测区至少 1 个控制点进行检核。

③应对相邻作业测区已完成的至少 1 个 RTK 控制桩、1 个中线桩或碎部点进行检核。

（2）基准站迁站重新设置时的检核要求：

①应在作业测区内某一已知 GPS 控制点上进行初始化取得固定解，并确认实时坐标和高程正确、系统正常。

②应对已完成的至少 1 个控制桩、1 个中线桩或碎部点进行检核。

（3）基准站重新启动时的检核（间隙检核）要求：

应对已完成的至少 1 个控制桩、1 个中线桩或碎部点进行检核。

3. RTK 测量点的质量控制

RTK 测量时的质量控制有测量时卫星情况、流动站测量时间、次数、方式、放样差限差及测量误差等。RTK 测量具体技术质量指标要求见表 3-2-1 和表 3-2-2。

在 RTK 测量中，对于质量记录有以下几种模式。

（1）QC1：含有卫星数、PDOP、HDOP、VDOP、RMS、计算定位值的数据数量、储存的定位值的标准差及开始和结束的 GPS 时间共九项 GPS 定位值的质量信息。要储存一个点的 QC1 记录，在创建和编辑测量形式时设定点选项中的质量控制域中进行选择。

（2）QC2：含有卫星数、误码率和协方差矩阵 GPS 定位值的质量信息。要储存一个点的 QC2 记录，在创建和编辑测量形式时设定点选项中的质量控制域中进行选择。

（3）QC3：含有标准误差值、误差椭球统计值和单位差 GPS 定位值的质量信息。要储存一个点的 QC3 记录，在创建和编辑测量形式时设定点选项中的质量控制域中进行选择。

选择 QC1 和 QC3、QC2 和 QC3 记录含有不相容的信息，不能同时储存。一般只选择 QC1 即可满足测量要求。

4. 内业检查

首先，将外业采集的数据从 RTK 测量控制器（测量手簿）中导入计算机，并对原始数据进行备份，备份保存的外业观测数据不得进行任何剔除、修改。

然后，进行数据处理和对数据的全面复核检查，包括：坐标转换和高程拟合残差，测量点是否分布在控制点范围内及点号、备注、坐标、高程、天线高、三维坐标精度、解的类型，数据采集时的卫星数，PDOP 值，观测时间，放样差及外业检核情况等。

5. 成果提交

（1）成果验收应符合下列规定：

①技术设计和技术总结是否符合要求。

②接收机设备检验方法和结果是否符合规定。

③坐标转换所用控制点的分布及残差是否符合要求。

④观测的参数设置、观测条件及检测结果和输出的成果是否符合要求。

⑤外业观测手簿、测量数据存取介质及其备份内容与数量是否齐全、完整。

⑥补测、重测及数据处理是否符合要求。

⑦原始观测数据检核计算是否正确。

⑧数据处理过程及精度是否符合规定。

⑨实地检验控制点、中线桩或碎部点的精度及选点、标志质量是否达到规定指标要求。

(2)应交成果资料应有下列内容:

①技术设计书。

②接收机检定资料。

③原始观测数据文件,外业观测手簿。

④坐标、高程成果。

⑤检核点、质量检查资料。

⑥技术总结。外业工作和数据处理工作结束后,应及时对技术设计和技术标准执行情况,作业方法、新技术应用、成果质量等进行分析研究和总结。技术总结编写要求和内容详见附录A。

第四章 坐标和高程转换参数的求解

一、常用坐标系统

在大地测量中，常用的坐标系形式有空间直角坐标系、大地坐标系和平面直角坐标系。在 RTK 测量中常用的坐标系统有以下几个。

(一)1954 年北京坐标系

新中国成立初期，鉴于当时的历史条件和现实状况，我国 1954 年北京坐标系没有按椭球定位理论独立地建立起来，而是采用前苏联克拉索夫斯基椭球参数，并经过东北边境的呼玛、吉拉林、东宁三个基线网，同前苏联大地网联结，通过计算得到我国北京一主干三角点的大地经纬度和至另一点的大地方位角，建立起我国大地坐标系，定名为 1954 年北京坐标系（也简称 54 坐标系）。可见，1954 年北京坐标系实际上是前苏联 1942 年坐标系的延伸，其原点不在北京，而在前苏联的普尔科沃。虽然 1954 年北京坐标系存在参考椭球长半轴偏大、椭球基准轴定向不明确、椭球面与我国境内大地水准面不太吻合、点位精度不高等一些明显的缺点，但在我国的历史上完成了大量的测绘工作，在我国国民经济和国防建设中发挥了重要作用。1954 年北京坐标系参考椭球的基本几何参数为：长半轴 a=6378245m；扁率 α=1/298.3。

(二)1980 年西安坐标系

为了适应我国大地测量事业发展的需要，克服 1954 年北京坐标系的问题，1978 年 4 月，在西安市召开全国天文大地网平差会议上决定建立我国新的坐标系，称为 1980 年国家大地坐标系，也就是 1980 年西安坐标系（也简称 80 坐标系）。

1980 年国家大地坐标系的大地原点设在我国中部——陕西省泾阳县永乐镇，位于西安市西北方向约 60km，简称西安原点。

1980 年国家大地坐标系采用 1975 年国际椭球参数，有关参数值为：长半轴 a=6378140m；扁率 α=1/298.257。

（三）2000 年国家大地坐标系

2000 年国家大地坐标系（CGCS2000）的定义包括原点、三个坐标轴的指向、尺度以及地球椭球的 4 个基本参数。其原点为包括海洋和大气的整个地球的质量中心；Z 轴由原点指向历元 2000.0 的地球参考极的方向，该历元的指向由国际时间局给定的历元为 1984.0 的初始指向推算，定向的时间演化保证相对于地壳不产生残余的全球旋转，X 轴由原点指向格林尼治参考子午线与地球赤道面（历元 2000.0）的交点，Y 轴与 Z 轴、X 轴构成右手正交坐标系；尺度采用广义相对论意义下的尺度；地球椭球 4 个基本参数为长半轴、扁率、地心引力常数和自转角速度。有关参数值为：长半轴 a=6378137m；扁率 α=1/298.257222101。

（四）WGS84 坐标系

WGS84 坐标系是全球定位系统（GPS）采用的坐标系，属于地心空间直角坐标系。其原点是地球质心，Z 轴指向 BIH1984.0 定义的协议地球极（CIP）方向，X 轴指向 BIH1984.0 的零子午面和 CIP 赤道的交点，Y 轴垂直于 X 轴和 Z 轴，X、Y、Z 轴构成右手直角坐标系。有关参数为：长半轴 a=6378137m；扁率 α=1/298.257223563。

（五）独立坐标系

1. 城市独立坐标系

对于城市测量，既有测制大比例尺地形图的任务，又有满足各种工程建设和市政建设施工放样工作的要求。一个城市只应建立一个与国家坐标系统相联系的、相对独立和统一的城市坐标系统，并经上级行政主管部门审查批准后方可使用。城市平面控制测量坐标系统的选择应以投影长度变形值不大于 2.5cm/km 为原则，并根据城市地理位置和平均高程而定。可按下列次序选择城市平面控制网的坐标系统。

（1）当长度变形值不大于 2.5cm/km 时，应采用高斯正形投影统一 3° 带的平面直角坐标系统。

（2）当长度变形值大于 2.5cm/km 时，可依次采用：

①投影于抵偿高程面上的高斯正形投影 3° 带的平面直角坐标系统。

②高斯正形投影任意带的平面直角坐标系统，投影面可采用平均高程面或城市平均高程面。

（3）面积小于 $25km^2$ 的城镇，可不经投影采用假定平面直角坐标系统在平面上直接进行计算。

2. 工程独立坐标系

为便于施工放样的顺利进行，要求由控制点坐标直接反算的边长与实地量得的边长，在长度上应该相等，即由上述两项归算投影改正而带来的变形或改正数，不得大于施工放样的精度要求。这就要充分考虑投影变形对施工放样的影响，解决这一问题就要通过建立合适的工程独立坐标系统来实现。独立坐标系可以通过选择不同的投影方式或者合适地选择投影面和投影带来建立，目前建立工程独立坐标系统常用后者，主要有以下三种情况（一般最常用的为第三种）。

（1）通过改变投影面高程 H_m 从而选择合适的高程参考面，来抵偿分带投影变形，这种方法称为抵偿投影面的高斯正形投影。这种方法不改变国家统一的高斯投影 3° 带的中央子午线，由这种投影方法建立的坐标系称为抵偿高程面的高斯正投影统一 3° 带平面直角坐标系，简称抵偿坐标系。其适用于测区走向基本为南北向，其东西摆动在一定范围内。

其数学模型为

$$\Delta S_1 = -S\frac{H_m}{R} \tag{4-1-1}$$

式中：H_m——归化高程；

S——归算边长；

R——地球平均曲率半径。

（2）通过改变中央子午线 y_m，来抵偿由高程面的边长归算到参考椭球面上的投影变形，这种方法称为任意带高斯正形投影，建立的坐标系称为任意中央子午线的高斯正投影平面直角坐标系，简称任意中央子午线坐标系。其适用于测区走向基本为南北向，其东西摆动在一定范围内。

其数学模型为

$$\Delta S_2 = S\frac{Y_m^2}{2R^2} \tag{4-1-2}$$

式中：Y_m——归算边两端点横坐标平均值（也即距中央子午线的距离）。

（3）通过既改变 H_m（选择高程参考面），又改变 Y_m（移动中央子午线），来共同抵偿两项归算改正变形，这种方法称为具有高程抵偿面的任意带高斯正形投影，建立的坐标系称为具有高程抵偿面的任意带高斯正投影平面直角坐标系，简称抵偿任意带坐标系。其适用于测区走向基本为东西向，它既经过坐标带的中央，又穿越坐标带的边缘，或者虽然基本南北走向，但东西摆动超过一定的范围的情况。

对于一些小区域的特殊工程，还可根据工程特点建立以构筑物轴线为 X 方向的独立的平面直角坐标系，以方便测量和计算，保证测量精度。如桥梁、隧道控制测量中坐标系一般以桥梁、隧道中线轴线前进方向或曲线切线为X轴，X轴顺时针转90°形成Y轴，构成工程独立坐标系。

二、坐标转换

坐标转换通常包括两层含义，即坐标系变换与基准变换。坐标系变换就是在同一地球椭球下，空间点的不同坐标表示形式间进行变换；基准变换则是指空间点在不同的地球椭球间的坐标变换。在RTK测量中，一项重要的工作就是进行基准变换，从WGS84大地坐标变换为当地工程所用椭球的大地坐标，一般使用三参数、四参数或七参数转换相似变换进行，然后再从大地坐标投影至工程所用平面坐标，计算流程见图4-2-1。

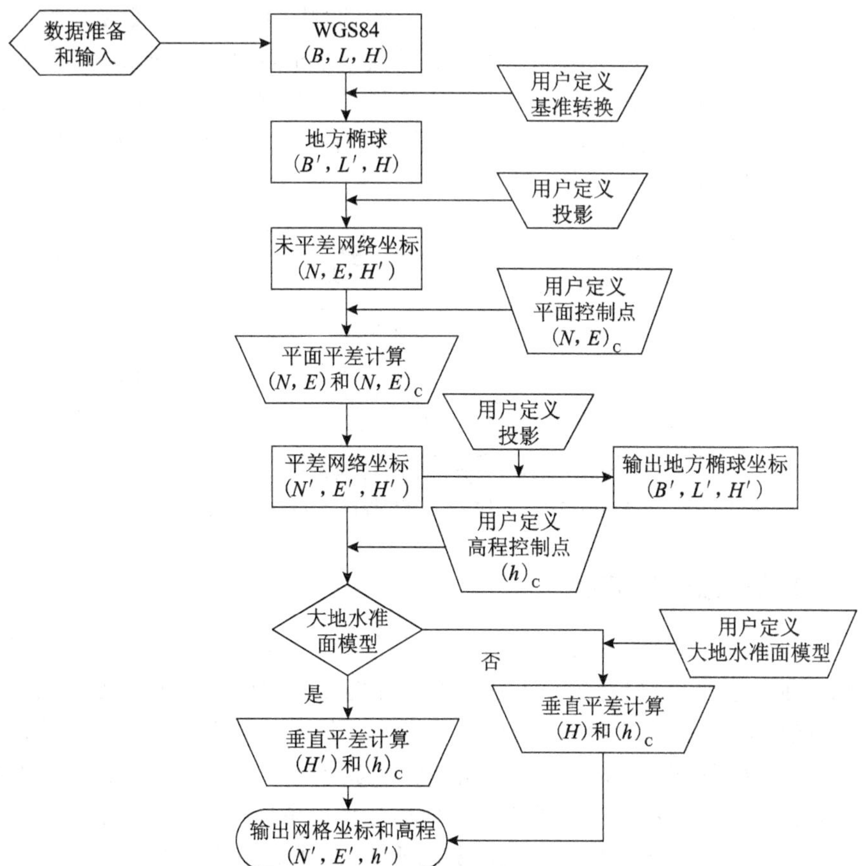

图4-2-1　RTK求解坐标和高程转换参数(点校正)流程图

在坐标转换前应进行资料收集，主要收集测区的控制点成果及 GPS 测量资料，测区的坐标系统和高程基准的参数，包括：参考椭球参数，中央子午线经度，纵、横坐标的加常数，投影面正常高及平均高程异常等。WGS84 坐标系与测区地方坐标系的转换参数及 WGS84 坐标系的大地高基准与测区的地方高程基准的转换参数等。

对于较大的测区，首先需要进行作业测区的划分，然后按作业测区分别求解转换参数，各种 GPS 随机软件均提供坐标转换模块。平面坐标转换常使用七参数或四参数方法进行，高程转换采用高程拟合的方法进行，坐标转换参数和高程转换参数一般分别进行求解。转换参数可根据测区控制点的两套坐标求得，两套坐标分别是 WGS84 大地坐标（B，L，H）或（X，Y，Z）和平面坐标、正常高（x，y，h）。一个测区中使用的已知控制点平面点不得少于 3 个，高程点不得少于 4 个，控制点应包围作业测区并均匀分布（见图 4-2-2），且相邻测区求解转换参数所用控制点应将相邻区域内的控制点作为共用点使用。转换参数求解可分内业求解和外业实测求解，在已知控制点两套坐标不全时，可在现场采集数据后计算转换参数。在采集地形点时可先测后求转换参数。放样平面或高程点时必须对应先求解转换参数，残差合格后方可进行测量。

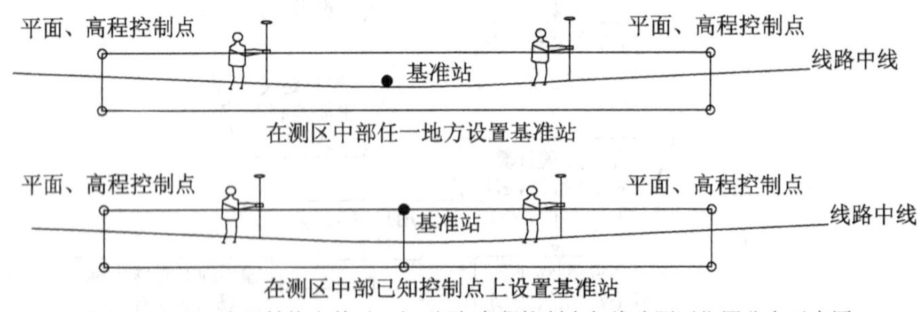

图 4-2-2　RTK 求解转换参数时已知平面、高程控制点与线路测区位置分布示意图

（一）三参数坐标转换

（X_A、Y_A、Z_A）和（X_B、Y_B、Z_B）表示不同的参心（或地心）空间直角坐标系，两坐标系各轴相互平行、坐标原点不相重合（如图 4-2-3 所示）。ΔX、ΔY、ΔZ 表示两参心（或地心）空间直角坐标系之间一个坐标系原点相对于另一个坐标系原点的位置向量 O_BO_A 在三个坐标轴上的分量，通常称为三个平移转换参数。模型见式（4-2-1），这是在假定两坐标系间各坐标轴相互平行条件下导出的，与实际应用情况并不相符。但由于各坐标轴之间的夹角不大，所求夹角的误差与夹角本身在数值上属同一数量级，故在精度要求不高的情况下，可设各坐标轴相互平行，这种情

况在国内外也屡见不鲜，在 RTK 测量中同样也可以应用。

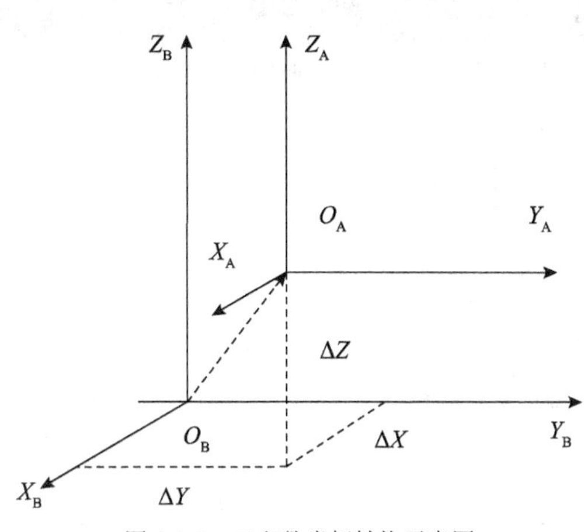

图 4-2-3 三参数坐标转换示意图

$$\begin{bmatrix} X \\ Y \\ Z \end{bmatrix}_B = \begin{bmatrix} X \\ Y \\ Z \end{bmatrix}_A + \begin{bmatrix} \Delta X \\ \Delta Y \\ \Delta Z \end{bmatrix} \tag{4-2-1}$$

例如，在某铁路工程测量中用于求解转换参数的已知点的两套坐标为：

一套坐标为 WGS84 大地坐标(B，L，H)或 WGS84 空间坐标(X，Y，Z)。此套坐标应为高等级 GPS 控制测量时自由网平差得到的三维坐标成果。需要注意的是，在一个测区求解转换参数时所用的已知点，其 WGS84 坐标应为一个 GPS 控制网自由网平差或三维平差所得的成果。

另一套坐标为 RTK 测量时所用的坐标系坐标和高程，平面坐标为 1954 年北京坐标系坐标、1980 年西安坐标系坐标、地方独立坐标或工程所设计的任意带坐标系坐标等。高程系统有 1985 年国家高程基准、1956 年黄海高程基准等。注意各已知点的地方坐标系坐标、高程基准应当一致，如果不一致要进行转换后再使用。

如果已知点没有 WGS84 坐标，可在现场采集数据并计算转换参数。现场采集数据可用静态、快速静态或动态进行。在运用动态进行采集数据时，一个测区求解转换参数所用的已知点应在同一基准站设置情况下进行。转换参数的求解可根据不同 GPS 接收机随机软件在计算机上或接收机电子手簿上进行。

图 4-2-4 所示为在 RTK 测量中使用三参数法将 WGS84 坐标系基准转换为

1954 年北京坐标系的结果。

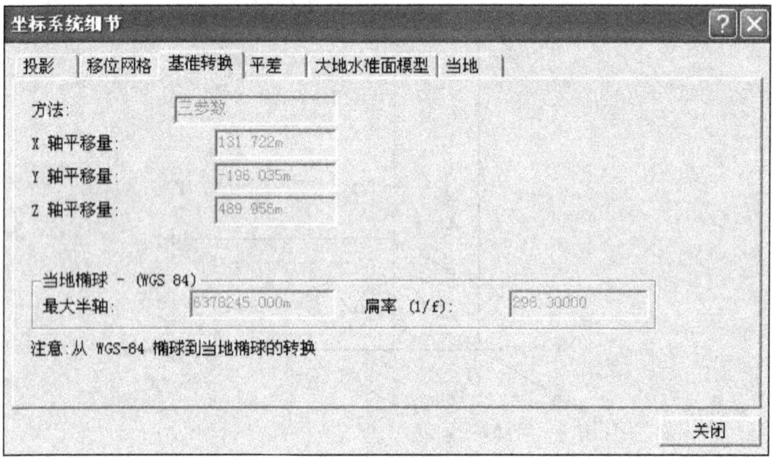

坐标系统细节

投影 | 移位网格 | 基准转换 | 平差 | 大地水准面模型 | 当地

方法：三参数

X 轴平移量：131.722m

Y 轴平移量：-196.035m

Z 轴平移量：489.958m

当地椭球 -（WGS 84）

最大半轴：6378245.000m　扁率（1/f）：298.30000

注意：从 WGS-84 椭球到当地椭球的转换

关闭

图 4-2-4　三参数法基准转换结果

（二）四参数坐标转换

不同地球椭球坐标系的平面相似转换实际上是一种二维转换，平面坐标转换包含 4 个转换因子，即 2 个平移因子（X 平移：ΔX，Y 平移：ΔY）、1 个旋转因子（旋转角：α）和 1 个尺度因子（尺度比：m）。如图 4-2-5 所示。

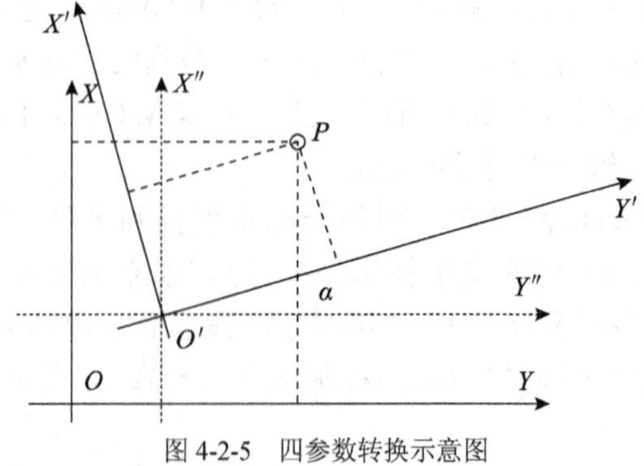

图 4-2-5　四参数转换示意图

在 RTK 测量中，需要将 WGS84 坐标系转换到 1954 年北京坐标系（或 1980 年西安坐标系、独立坐标系），其转换的数学模型为

$$\begin{bmatrix} x \\ y \end{bmatrix}_{1954} = \begin{bmatrix} \Delta x \\ \Delta y \end{bmatrix} + (1+m) \begin{bmatrix} \cos\alpha & \sin\alpha \\ -\sin\alpha & \cos\alpha \end{bmatrix} \begin{bmatrix} x \\ y \end{bmatrix}_{WGS84} \tag{4-2-2}$$

（1）先旋转、再平移、最后统一尺度。

$$\begin{bmatrix} x \\ y \end{bmatrix}_{1954} = (1+m)\left(\begin{bmatrix} \Delta x \\ \Delta y \end{bmatrix}+\begin{bmatrix} \cos\alpha & \sin\alpha \\ -\sin\alpha & \cos\alpha \end{bmatrix}\begin{bmatrix} x \\ y \end{bmatrix}_{\text{WGS84}}\right) \tag{4-2-3}$$

（2）先平移、再旋转、最后统一尺度。

$$\begin{bmatrix} x \\ y \end{bmatrix}_{1954} = (1+m)\begin{bmatrix} \cos\alpha & \sin\alpha \\ -\sin\alpha & \cos\alpha \end{bmatrix}\left(\begin{bmatrix} x \\ y \end{bmatrix}_{\text{WGS84}}+\begin{bmatrix} \Delta x \\ \Delta y \end{bmatrix}\right) \tag{4-2-4}$$

图 4-2-6 所示为在 RTK 测量中使用四参数法将 WGS84 坐标系基准转换为 1954 年北京坐标系的结果。

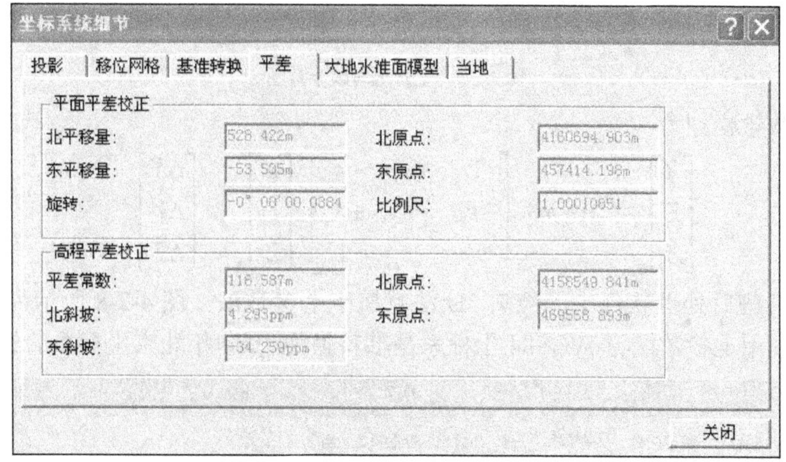

图 4-2-6　四参数法基准转换结果

需要注意的是，在运用国家坐标系统时，旋转角 α 的值接近零，一般在 1 秒以下，或者几秒，如果旋转角 α 比较大时，应分析查找原因。尺度比（图中标示的比例尺项）的值接近 1，其变化量级应在 10^{-4}，对于独立坐标系统可能较大一些，如果尺度比变化比较大时，应分析查找原因。

在某些后处理软件中的经典 2D 法、一步法，均属于四参数法。这种方法的优点是利用较少的信息即可计算出转换参数。不需要已知地方椭球和投影模型就可以利用最少的点计算出转换参数。值得注意的是，当使用一个或两个地方点计算参数时，作为计算的转换参数仅对于点的附近区域是有效的。

（三）七参数坐标转换

在 RTK 的坐标转换中，一般常用布尔莎七参数模型转换，又称七参数转换法。如图 4-2-7 所示，七个参数包括：三个平移参数 ΔX、ΔY、ΔZ，三个旋转参数 ε_x、ε_y、

ε_z 和一个尺度参数 m。

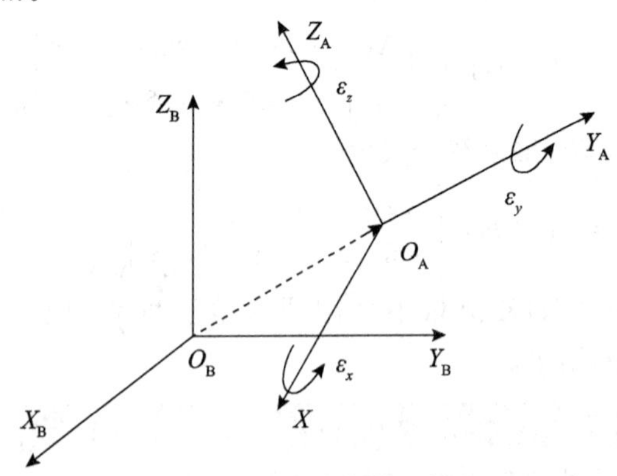

图 4-2-7　七参数转换示意图

其数学模型为

$$\begin{bmatrix} X \\ Y \\ Z \end{bmatrix}_B = (1+m)\begin{bmatrix} 1 & +\varepsilon_z & -\varepsilon_y \\ -\varepsilon_z & 1 & +\varepsilon_x \\ \varepsilon_y & -\varepsilon_x & 1 \end{bmatrix}\begin{bmatrix} X \\ Y \\ Z \end{bmatrix}_A + \begin{bmatrix} \Delta X \\ \Delta Y \\ \Delta Z \end{bmatrix} \quad (4\text{-}2\text{-}5)$$

在某些后处理软件中的经典 3D 法就属于七参数法。图 4-2-8 所示为在 RTK 测量中使用七参数法将 WGS84 坐标系基准转换为 1954 年北京坐标系的结果。

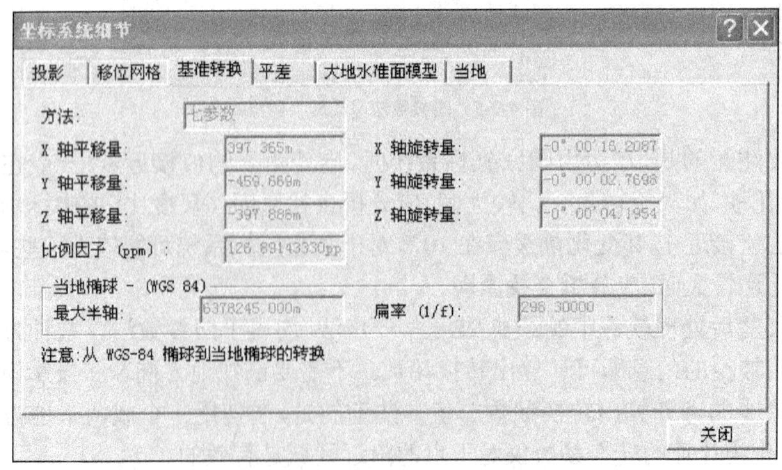

图 4-2-8　七参数法基准转换结果

三、高程系统

高程系统指的是与确定高程有关的参考面及以之为基础的高程定义。目前，常用的高程系统包括：大地高、正高和正常高系统等。在 RTK 测量中测量得到的是大地高，而在工程应用中普遍采用的是正常高系统。

（一）大地高与正常高

1. 大地高

大地高系统是以参考椭球面为基准面的高程系统。某点的大地高（Geodetic Height）是该点沿通过该点的参考椭球面法线至参考椭球面的距离。大地高也称为椭球高（Ellipsoidal Height），用符号 H 表示。

大地高是一个纯几何量，不具有物理意义。它是大地坐标的一个分量，与基于参考椭球的大地坐标系有着密切的关系。显然，大地高与大地基准有关，同一个点在不同的大地基准下，具有不同的大地高。大地高可以通过公式将空间直角坐标（x，y，z）转换为大地坐标（B，L，H）得出。

2. 正高

正高系统是以地球不规则的大地水准面为基准面的高程系统。如图 4-3-1 所示，某点的正高是从该点出发，沿该点与基准面间各个重力等位面的法线所量测出的距离。需要指出的是，重力中的内在变化将引起垂线平滑而连续的弯曲，因而在一段垂直距离上，与重力正交的物理等位面并不平行（即垂线并不完全与椭球的法线平行）。正高用符号 H_g 表示。

重力位 W 为常数的面被称为重力等位面（Equipotential Surface）。由于给定一个重力位 W，就可以确定出一个重力等位面，因而地球的重力等位面有无穷多个。在某一点处，其重力值 g 与两相邻大地水准面 W 和 W+dW 间的距离 dh 之间具有的关系为

$$\mathrm{d}W=g\mathrm{d}h \tag{4-3-1}$$

由于重力等位面上点的重力值不一定相等，从式（4-3-1）可以看出，两平行等位面不一定平行。

在地球众多的重力等位面中，有一个特殊的面被称为大地水准面，它是重力位为 W_0 的地球重力等位面。一般认为大地水准面与平均海水面（MSL，Mean Sea Level）一致。由于大地水准面具有明确的物理定义，因而在某些高程系统中被当作自然参考面。

大地水准面与地球内部质量分布有密切关系。但由于该质量分布复杂多变，因而大地水准面虽具有明确的物理定义，却仍非常复杂，其形状大致为一个旋转椭球，但在局部地区会有起伏。大地水准面差距或大地水准面起伏为沿参考椭球的法线，从参考椭球面量至大地水准面的距离，用符号 N 表示。

作为大地高基准的参考椭球面与大地水准面之间的几何关系见图 4-3-1，其数学表达形式为

$$H=H_g+N \tag{4-3-2}$$

式中：N——大地水准面差距或大地水准面高；

H——大地高；

H_g——正高。

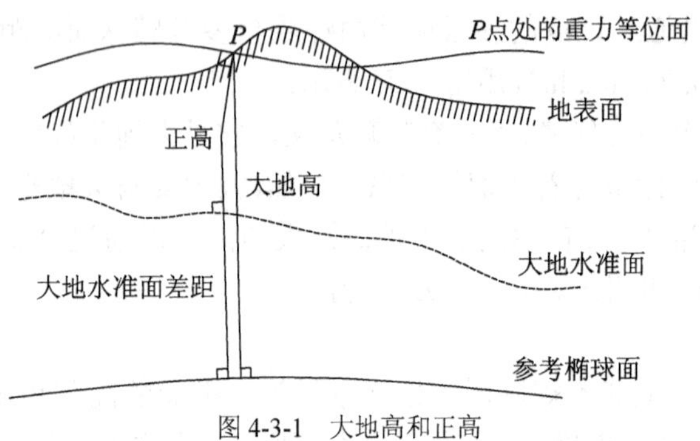

图 4-3-1　大地高和正高

在上面正高的定义中采用了一些几何概念，但实际上正高是一种物理高程系统。正高的测定通常是通过水准测量来进行的。

3. 正常高

虽然正高系统具有明确的物理定义，但是由于难以直接测定沿垂线从地面点至大地水准面之间的平均重力值，所以实际上很难确定地面点的正高。为了解决这一问题，莫洛金斯基提出了正常高的概念，即用平均正常重力值来替代平均重力值，从而得到正常高。

似大地水准面是由各地面点沿正常重力线向下量取正常高后所得到的点构成的曲面。与大地水准面不同，似大地水准面不是一个等位面，它没有确切的物理意义。但与大地水准面较为接近，并且在辽阔的海洋上与大地水准面一致。沿正常重力线方向，由似大地水准面上的点量测到参考椭球面的距离被称为高程异常，用符号 ζ 表示。

作为大地高基准的参考椭球面与似大地水准面之间的几何关系见图 4-3-2，其数学表达形式为

$$H=H_r+\zeta \tag{4-3-3}$$

式中：ζ——高程异常；

H——大地高；

H_r——正常高。

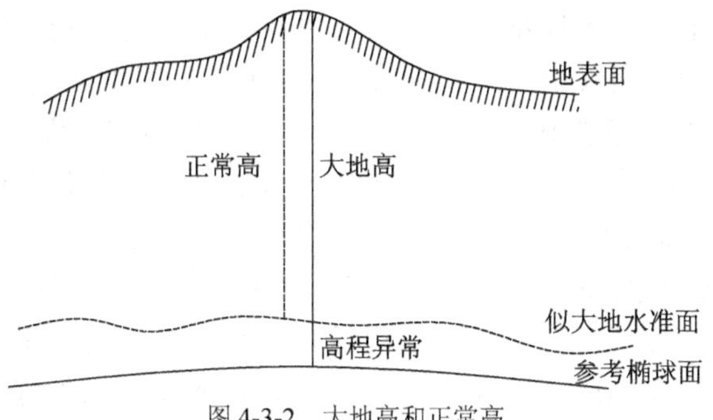

图 4-3-2　大地高和正常高

(二)高程基准面与国家高程基准

高程基准面就是地面点高程的统一起算面，由于大地水准面所形成的体形——大地体是与整个地球最为接近的体形，因此通常采用大地水准面作为高程基准面。

大地水准面是假想海洋处于完全静止的平衡状态时的海水面延伸到大陆地面以下所形成的闭合曲面。事实上，海洋受着潮汐、风力的影响，永远不会处于完全静止的平衡状态，总是存在着不断的升降运动，但是可以在海洋近岸的一点处竖立水位标尺，成年累月地观测海水面的水位升降，根据长期观测的结果可以求出该点处海洋水面的平均位置，人们假定大地水准面就是通过这点处实测的平均海水面。

长期观测海水面水位升降的工作称为验潮，进行这项工作的场所称为验潮站。

根据各地的验潮结果表明，不同地点平均海水面之间还存在着差异，因此，对于一个国家来说，只能根据一个验潮站所求得的平均海水面作为全国高程的统一起算面——高程基准面。

1956 年，我国根据基本验潮站应具备的条件，认为青岛验潮站位置适中，地处我国海岸线的中部，而且青岛验潮站所在港口是有代表性的规律性半日潮港，又避开了江河入海口，外海海面开阔，无密集岛屿和浅滩，海底平坦，水深在 10m 以上，因此，在 1957 年确定青岛验潮站为我国基本验潮站，验潮井建在地质结构稳定的花岗石基岩上，以该站 1950 年至 1956 年 7 年间的潮汐资料推求的平均海水面作为我国的高程基准面，以此高程基准面作为我国统一起算面的高程系统，即 1956 年黄海高程系统，水准原点的高程为 72.289m。

1956 年黄海高程系统的高程基准面的确立，对统一全国高程有着重要的历史意义，对国防和经济建设、科学研究等方面都起了重要的作用。但从潮汐变化周期来看，确立 1956 年黄海高程系统的平均海水面所采用的验潮资料时间较短，还不到潮汐变化的一个周期（一个周期一般为 18.61 年），同时又发现验潮资料中含有粗差，因此重新确定了新的国家高程基准——1985 年国家高程基准。

目前正在使用的国家高程基准是 1988 年 1 月 1 日开始启用的，国家高程基准面是根据青岛验潮站 1952 年至 1979 年 19 年间的验潮资料计算确定的，根据这个高程基准面作为全国高程的统一起算面，称为 1985 年国家高程基准。

为了长期、牢固地表示出高程基准面的位置，作为传递高程的起算点，必须建立稳固的水准原点，用精密水准测量方法将它与验潮站的水准标尺进行联测，以高程基准面为零推求水准原点的高程，以此高程作为全国各地推算高程的依据。在 1985 年国家高程基准系统中，我国水准原点的高程为 72.260m。我国的水准原点网建于青岛附近。

四、高程拟合

使用 RTK 测量得到的是大地高，如果知道该点准确的大地水准面差距或高程异常值，即可通过式（4-3-2）、式（4-3-3）求得正高或正常高，那么就需要设法得到大地水准面差距或高程异常的值。确定大地水准面差距或高程异常的基本方法有天文大地法、大地水准面模型法、重力测量法、几何内插法（数学拟合法）及残差模型法及 BP 神经网络法等方法。在 RTK 测量中，一般使用几何内插法及残差模型法进行。

（一）几何内插法

几何内插法的基本原理就是通过一些既进行了 GPS 观测又具有水准资料的点上的高程异常，采用平面或曲面拟合、配置、三次样条等内插方法，得到其他点上的高程异常。

在进行多项式内插时，可采用不同阶次的多项式，如可将高程异常表示为下面的多项式形式。

（1）零次多项式（常数拟合）

$$N=a_0 \tag{4-4-1}$$

（2）一次多项式（平面拟合）

$$N=a_0+a_1\mathrm{d}B+a_2\mathrm{d}L \tag{4-4-2}$$

（3）二次多项式（二次曲面拟合）

$$N=a_0+a_1\mathrm{d}B+a_2\mathrm{d}L+a_3\mathrm{d}B^2+a_4\mathrm{d}L^2+a_5\mathrm{d}B\mathrm{d}L \tag{4-4-3}$$

式中：$dB=B-B_0$；

$dL=L-L_0$；

$B_0=\frac{1}{n}\sum B$；

$L_0=\frac{1}{n}\sum L$；

n——进行了 GPS 观测的点的数量。

利用其中一些具有水准资料的所谓公共点上大地高和正高，可以计算出这些点上的大地水准面差距 N。若要采用零次多项式进行内插，要确定 1 个拟合系数，至少需要 1 个公共点；若要采用一次多项式进行内插，要确定 3 个拟合系数，至少需要 3 个公共点；若要采用二次多项式进行内插，要确定 6 个参数，则至少需要 6 个公共点。以进行二次多项式拟合为例，存在一个这样的公共点，就可以列出一个方程

$$N_i=a_0+a_1\mathrm{d}B_i+a_2\mathrm{d}L_i+a_3\mathrm{d}B_i{}^2+a_4\mathrm{d}L_i{}^2+a_5\mathrm{d}B_i\mathrm{d}L_i \tag{4-4-4}$$

若存在 m 个这样的公共点，则可列出一个由 m 个方程所组成的方程组，即

$$\begin{cases}N_1=a_0+a_1\mathrm{d}B_1+a_2\mathrm{d}L_1+a_3\mathrm{d}B_1{}^2+a_4\mathrm{d}L_1{}^2+a_5\mathrm{d}B_1\mathrm{d}L\\N_2=a_0+a_1\mathrm{d}B_2+a_2\mathrm{d}L_2+a_3\mathrm{d}B_2{}^2+a_4\mathrm{d}L_2{}^2+a_5\mathrm{d}B_2\mathrm{d}L\\\quad\cdots\\N_m=a_0+a_1\mathrm{d}B_m+a_2\mathrm{d}L_m+a_3\mathrm{d}B_m{}^2+a_4\mathrm{d}L_m{}^2+a_5\mathrm{d}B_m\mathrm{d}L\end{cases} \tag{4-4-5}$$

将式（4-4-5）写成矩阵形式，则有

$$V=Ax+L \tag{4-4-6}$$

式中：

$$A=\begin{bmatrix}1 & \mathrm{d}B_1 & \mathrm{d}L_1 & \mathrm{d}B_1{}^2 & \mathrm{d}L_1{}^2 & \mathrm{d}B_1\mathrm{d}L_1\\1 & \mathrm{d}B_2 & \mathrm{d}L_2 & \mathrm{d}B_2{}^2 & \mathrm{d}L_2{}^2 & \mathrm{d}B_2\mathrm{d}L_2\\ & & \cdots & & & \\1 & \mathrm{d}B_m & \mathrm{d}L_m & \mathrm{d}B_m{}^2 & \mathrm{d}L_m{}^2 & \mathrm{d}B_m\mathrm{d}L_m\end{bmatrix};$$

$x=\begin{bmatrix}a_1 & a_2 & a_3 & a_4 & a_5\end{bmatrix}^T$；

$V=\begin{bmatrix}N_1 & N_2 & \cdots & N_m\end{bmatrix}^T$。

通过最小二乘法可以求解出多项式的系数

$$x=-(A^TPA)^{-1}(A^TPL) \tag{4-4-7}$$

式中：P——大地水准面差距值的权阵，可根据正高和大地高的精度加以确定。

几何内插法简单易行，不需要复杂的软件，可以得到相对于局部参考椭球的大地水准面差距信息，适用于那些具有足够既有已知正高又有大地高的点并且其分布和密度都较为合适的地方。该方法所得到的大地水准面差距精度与公共点的分

布、密度和质量及大地水准面的光滑度等因素有关。由于该方法是一种纯几何的方法，进行内插时未考虑大地水准面起伏变化，因而一般仅适用于大地水准面较为光滑的地区，如平原地区。在这些区域拟合的准确度可优于 10cm。但对于大地水准面起伏较大的地区，如山区，这种方法的准确度有限。另外，通过该方法所得到的拟合系数，仅适用于确定这些系数的 GPS 网范围内。

(二)残差模型法

几何内插法是一种纯几何的方法，进行内插时未考虑大地水准面起伏变化，因而内插精度和适用范同均受到很大限制。残差模型法则较好地克服了几何内插法的一些缺陷，其基本思想也是内插，不过与几何内插所针对的内插对象不同，残差法内插的对象并不是大地水准面差距或高程异常，而是它们的模型残差值，其处理步骤如下：

(1)根据大地水准面模型计算地面点 P 的大地水准面差距 N_p。

(2)对 P 点进行常规水准联测，利用这些点上的 GPS 观测成果和水准资料求出这些点的大地水准面差距 N'_p。

(3)求出采用以上两种不同方法所得到的大地水准面差距的差值 $\Delta N_p=N'_p-N_p$，即所谓的大地水准面模型残差。

(4)算出 GPS 网中所有进行了常规水准联测点上的大地水准面模型残差值。

(5)根据所得到的大地水准面模型残差值，采用内插方法确定出 GPS 网中未进行过常规水准联测点上的大地水准面模型残差值 ΔN_i，并利用这些值对这些点上由大地水准面模型所计算出的大地水准面差距 N_i 进行改正，得出经过改正后的大地水准面差距值 $N'_i=N+\Delta N$。

(三)RTK 中的高程拟合

RTK 测量中的高程拟合方式见表 4-4-1。

高程拟合方式　　表 4-4-1

高程点的数量	高程拟合方式
0	无高程转换
1	高程按常数插值拟合
2	由两个高程点推算的平均改正数进行拟合
3	通过三个高程点进行平面拟合
大于 3	平均平面拟合、插值法，采用最小二乘法进行垂直平差

(四)高程拟合精度评定

在 GPS 高程可以通过两方面来评定其精度:一方面是内符合精度,另一方面是外符合精度。

1. 内符合精度

在 GPS 高程拟合前已知水准点可以计算出高程异常值,拟合后经过公式计算可以得到拟合后的异常值。两个异常值的差值可以用式(4-4-8)计算出所要求的内符合精度,若 ζ_1 为拟合前的高程异常值,ζ_1^0 为拟合后的高程异常值,它们之间的差值为 $V_1=\zeta_1-\zeta_1^0$,GPS 高程的内符合精度 μ 的计算公式为

$$\mu=\pm\sqrt{\frac{[VV]}{n-1}} \tag{4-4-8}$$

式中:n——参与计算的已知点数。

2. 外符合精度

外符合精度和内符合精度的原理相同,不同的是用于计算异常值差值的已知数据不同,外符合精度利用的是参与检测点的高程异常值拟合前后的差值。GPS 水准的外符合精度 M 的计算公式如下

$$M=\pm\sqrt{\frac{[VV]}{m-1}} \tag{4-4-9}$$

式中:m——参与检核的点数。

内符合精度以及外符合精度从某种意义上来讲是一种相对意义上的绝对精度评定。

3. GPS 高程相对精度评定方法

前面所述的内符合精度以及外符合精度都是从点的统计角度出发,属于绝对精度评定。除了这两种绝对精度评定,GPS 高程精度评定的方法还有两种相对精度评定。

(1)相对误差检核

若已知点到检测点的距离 L,单位为千米,则其相对误差检核如表 4-4-2 所示。表中给出了利用距离 L 计算检核点残差的限值的计算方法,这种方法限定了 GPS 高程拟合的误差。

水 准 限 差　　表 4-4-2

等　级	允许残差
三等几何水准测量	$\pm 12\sqrt{L}$
四等几何水准测量	$\pm 20\sqrt{L}$
普通几何水准测量	$\pm 30\sqrt{L}$

（2）闭合差检核

依测区内的已知点水准路线形式，计算已知点 GPS 高程拟合后数据的闭合差。这种方法称为闭合差检核，拟合后相当于水准测量的等级，按表 4-4-2 中限定的误差进行评定。

（五）提高 RTK 高程拟合精度的方法

GPS 拟合高程的精度取决于大地高和大地水准面差距（或高程异常）两者的精度，因此，要保证和提高 GPS 拟合高程的精度必须从提高以上两者的精度着手。

大地水准面差距精度的提高，有赖于物理大地测量理论和技术。从局部应用的角度来看，发展方向是建立区域性的高精度、高分辨率大地水准面（或似大地水准面）。目前，应用最新的全球重力场模型，结合地面重力数据、GPS 测量成果和精密水准资料所建立的区域性水准面（或似大地水准面的）精度已达到 2~3cm。

1. 提高 GPS 测量大地高的精度

要保证通过 GPS 测量所得到的大地高的精度，可以采用以下方法和步骤进行作业与数据处理。

（1）使用双频接收机。使用双频接收机所采集的双频观测数据，可以较为彻底地改正 GPS 观测值中与电离层有关的误差。

（2）使用类型相同且带有抑径板或抑径圈的大地型接收机天线，不同类型的 GPS 接收机天线具有不同的相位中心特性，当混合使用不同类型的天线时，如果在数据处理过程中未进行相位中心偏移和变化改正，将引起很高的垂直分量误差，极端情况下能达到分米级。有时，即使进行了相应的改正，也可能由于所采用的天线相位中心模型不完善而在垂直分量中引入一定量的误差。如果使相同类型的天线，则可以完全避免这一情况的发生。至于要求天线带有抑径板或抑径圈，则是为了有效地抑制多路径效应的发生。

（3）对每个点在不同卫星星座和大气条件下进行多次设站观测。内于卫星轨道误差和大气折射会引起垂直分量上的系统性偏差，如果同一测站在不同卫星星座和不同大气条件下进行了设站观测，则可以在一定程度上削弱它们对垂直分量精度的影响。

（4）在进行基线解算时使用精密星历。使用精密星历将减小卫星轨道误差，从而提高 GPS 测量成果的精度。

（5）基线解算时，对天顶对流层延迟进行估计。将天顶对流层延迟作为待定参数在基线解算时进行估计，可有效地减小对流层对 GPS 测量成果精度特别是垂直分量精度的影响。不过，需要指出的是，由于天顶对流层延迟参数与基线解算时的位置参数不相互正交，因而要使其能够被准确确定，必须进行较长时间的观测。

2. 选用高精度已知点水准点

在拟合GPS高程时，拟合所用已知点水准点的精度会直接影响到拟合数据的精度，因此选择高精度的联测水准点就是提高拟合高程精度的措施之一。已知水准点要在测区内均匀地分布，且具有一定的密度。

3. 提高GPS拟合精度

从GPS转换的过程来说，拟合GPS高程是主要的一步。拟合的精度关系着正常高的精度，可以从以下几点提高拟合精度。

(1)选择适当的转换方法，根据不同的地形和掌握的数据情况，可以在现有的拟合方法中选择拟合精度高的方法。

(2)在测区面积比较大的时候，可以采用分区拟合的方法，把整个测区分成若干区域，分别对每个测区进行拟合，这时就会提高拟合精度。

五、时间系统

在卫星定位中，时间系统有着重要的意义。时间系统包含有时刻和时间间隔两个概念。所谓时刻，即发生某一事件的瞬间。在天文学和卫星测量中，与所获数据所对应的时刻也称为历元。而时间间隔，是指发生某一现象所经历的过程，是这一过程始末的时刻之差。作为观测目标的卫星以每秒几千米的速度运动。对观测者而言卫星的位置（方向、距离、高度）和速度都在不断地迅速变化。因此，在卫星测量中，例如在由跟踪站对卫星进行定轨时，每给出卫星位置的同时，必须给出对应的瞬间时刻。当要求GPS卫星位置的误差小于1cm时，相应的时刻误差应小于2.6μs。又如在卫星定位测量中，GPS接收机接收并处理GPS卫星发射的信号，测定接收机至卫星之间的信号传播时间，再乘以光速换算成距离，进而确定测站的位置。因此，要准确地测定观测站至卫星的距离，必须精确地测定信号的传播时间。如果要求距离误差小于1cm，则信号传播时间的测定误差应小于0.03ns。所以，任何一个观测量都必须给定取得该观测量的时刻。为了保证观测量的精度，对观测时刻要有一定的精度要求。

时间系统与坐标系统一样，应有其尺度（时间单位）与原点（历元）。只有把尺度与原点结合起来，才能给出时刻的概念。

理论上，任何一个周期运动，只要它的运动是连续的，其周期是恒定的，并且是可观测和用实验复现的，都可以作为时间尺度（单位）。实际上，我们所能得到的

(或实用的)时间尺度能在一定的精度上满足这一理论要求。随着观测技术的发展和更加稳定的周期运动的发现而不断趋近这一理论要求。实践中,由于所选用的周期运动现象不同,便产生了不同的时间系统。

(一)恒星时 ST(Sidereal Time)

以春分点为参考点,由春分点的周日视运动所定义的时间系统。其时间尺度为:春分点连续两次经过本地子午团的时间间隔为一恒星日,一恒星日分为 24 个恒星时。恒星时以春分点通过本地上子午圈时刻为起算原点,所以恒星时在数值上等于春分点相对于本地子午圈的时角。恒星时具有地方性,同一瞬间对不同测站的恒星时是不同的,所以恒星时也称为地方恒星时。恒星时是以地球自转为基础的。由于岁差、章动的影响,地球自转轴在空间的指向是变化的,春分点在天球上的位置并不固定。对于同一历元所相应的真天极和平天极,有真春分点和平春分点之分。因此,相应的恒星时也有真恒星时和平恒星时之分。恒星时在天文学中有着广泛的应用。

(二)平太阳时 MT(Mean solar Time)

由于地球围绕太阳的公转轨道为一椭圆,太阳的视运动速度是不均匀的。假设一个平太阳以真太阳周年运动的平均速度在天球赤道上作周年视运动,其周期与真太阳一致。则以平太阳为参考点,由平太阳的周日视运动所定义的时间系统为平太阳时系统。其时间尺度为:平太阳连续两次经过本地于午圈的时间间隔为一平太阳日,一平太阳日分为 24 平太阳时。平太阳时以平太阳通过本地上子午圈时刻为起算原点,所以平太阳时在数值上等于平太阳相对于本地子午圈的时角。同样,平太阳时也具有地方性。故常称其为地方平太阳时或地方平时。

(三)世界时 UT(Universal Time)

以平子夜为零时起算的格林尼治平太阳时定义为世界时 UT。世界时与平太阳时的尺度相同,但起算点不同。1956 年以前,秒被定义为一个平太阳日的 1/86400。这是以地球自转这一周期运动作为基础的时间尺度。由于地球自转的不稳定性,在 UT 中加入极移改正即得到 UT1。由于高精度石英钟的普遍采用以及观测精度的提高,人们发现地球自转周期存在着季节变化、长期变化及其他不规则变化。UT1 加上地球自转速度季节性变化后为 UT2。1956 年国际上采用新的秒长定义。即历书时秒等于回归年长度的 1/31556925.9747。就时间尺度而言,世界时已被历书时 ET 所代替,之后,又于 1976 年为原子时所取代。但是 UTl 在卫星测量中仍被广泛使用，只是它不再作为时间尺度，而是因它数值上表征了地球自转相对恒星的角位置，故用于天球坐标系与地球坐标系之间的转换计算。

（四）原子时 IAT（International Atomic Time）

随着对时间准确度和稳定度的要求不断提高，以地球自转为基础的世界时系统难以满足要求。20 世纪 50 年代，便开始建立以物质内部原于运动的特征为基础的原子时系统。原子时的秒长被定义为铯原子 C_s^{133} 基态的两个超精细能级间跃迁辐射振荡 9192631170 周所持续的时间。原子时的起点，按国际协定取为 1958 年 1 月 1 日 0 时 0 秒（UT2）（事后发现在这一瞬间 AT1 与 UT2 相差 0.0039s）。就目前的观测水平而言这一时间尺度是均匀的（所依据的周期运动具有稳定的周期）。这一时间尺度被广泛地应用于动力学作为时间单位，其中包括卫星动力学。

（五）协调世界时(Coodinated Universal Time）

目前，许多应用部门仍然要求时间系统接近世界时 UT。协调世界时 UTC 即是一种折中办法。它采用原子时秒长，但因原子时比世界时每年快约 1s，两者之差逐年积累，便采用跳秒（闰秒）的方法使协调时与世界时的时刻相接近，其差不超过 1s。它既能保持时间尺度的均匀性，又能近似地反映地球自转的变化。按国际无线电咨询委员会（CCIR）通过的关于 UTC 的修正案，从 1972 年 1 月 1 日起 UTC 与 UTl 之间的差值最大可以达到 ±0.9s，超过或接近时以跳秒补偿，跳秒一般安排在每年 12 月末或 6 月末。具体日期由国际时间局安排并通告。

（六）GPS 时间系统

GPS 系统是测时测距系统。时间在 GPS 测量中是一个基本的观测量。卫星的信号、卫星的运动、卫星的坐标都与时间密切相关。对时间的要求既要稳定又要连续。为此，GPS 系统中卫星钟和接收机钟均采用稳定而连续的 GPS 时间系统。

GPS 时间系统采用原子时 ATl 秒长作为时间基准，但时间起算的原点定义在 1980 年 1 月 6 日 UTC 0 时。启动后不跳秒，保持时间的连续。以后随着时间的积累，GPS 时与 UTC 时的整秒差以及秒以下的差异通过时间服务部门定期公布（至 1995 年相差达 10 秒）。卫星播发的卫星钟差也是相对 GPS 时间系统的钟差，在利用 GPS 直接进行时间校对时应注意这一问题。

RTK 测量时间系统采用协调世界时 UTC。当采用北京标准时间时，应考虑时区差加以换算，北京时间为 +8 时区。

六、转换参数求解实作

(一)外业手簿转换参数求解

用于坐标和高程转换求解需要测区所用的平面和高程控制点的两套坐标，即WGS84坐标和这些控制点的工程所用坐标系坐标，如1954年北京坐标系坐标或工程独立坐标系坐标。控制点坐标可以从计算机传输，或者手工键入测量手簿（控制器）中。如天宝（Trimble）手工键入的方法是在测量控制器中新建测量任务后，选择[键入]→回车→[点]→回车，如图4-6-1、图4-6-2所示，输入工程所用平面坐标，在选项中选择坐标输入类型为网格，输入点名称及坐标和高程。

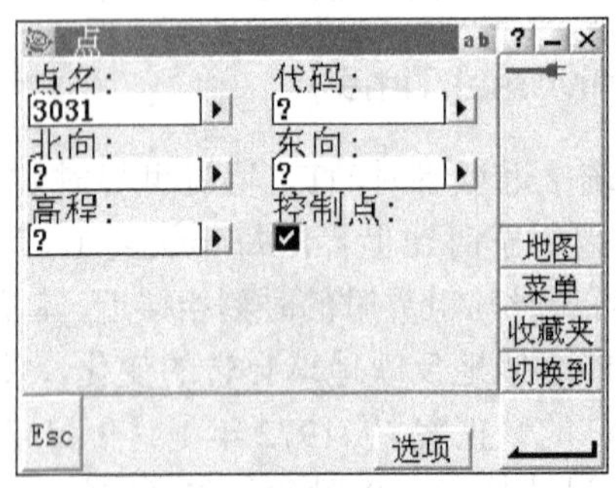

图4-6-1 输入点的平面坐标

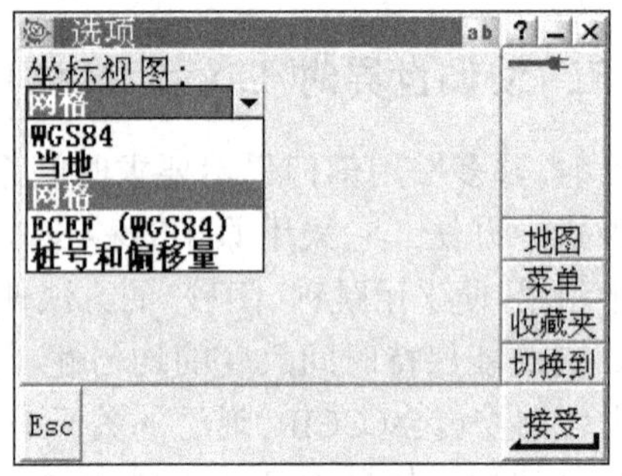

图4-6-2 网络(即平面坐标)

输入WGS84坐标，如图4-6-3所示，在选项中选择坐标输入类型为WGS84，输入点名称及经纬度和大地高。注意对同一控制点，两套坐标的所对应点名称不能重名，可以采取加后缀或前缀的方法区别开来，如3031和G3031。WGS84坐标也可使用RTK现场直接测量采集获得。

测完已知的控制点并键入已知坐标，这些点有两个坐标系的测量成果，需要通过点校正求解转换参数，进入[测量]→[RTK]→[工地校正]→回车，F1[增加]，如图4-6-4所示，内容如下：

(1)网格点名:(选择1954年北京坐标系或相应的工程坐标系成果的点名称)

(2)GPS点名:(选择WGS84坐标系成果的点名称)

(3)使用:只有水平（只完成平面*X*、*Y*校正，如果有高程则选择“水平和垂直”)。

连续选择多个控制点进行点校正。如图4-6-5所示为校正所用点位示意图，图4-6-6所示为校正结果及残差。

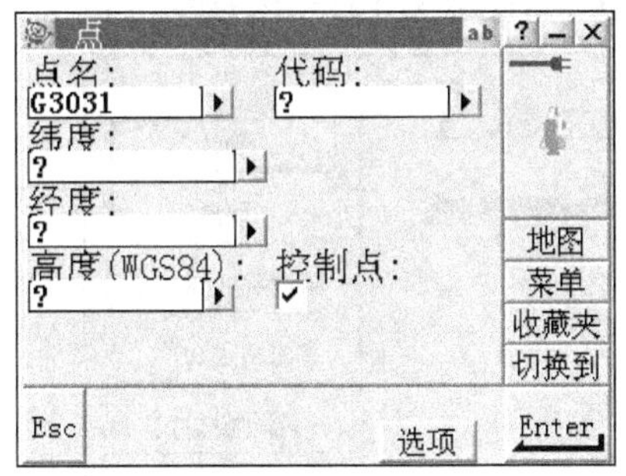

图 4-6-3　输入点的 WGS84 坐标

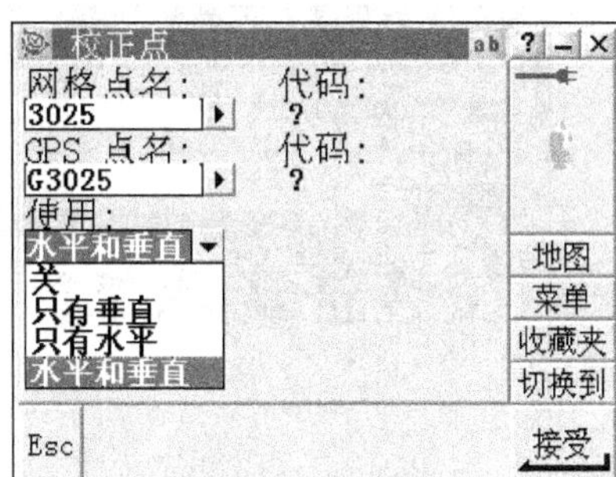

图 4-6-4　点校正

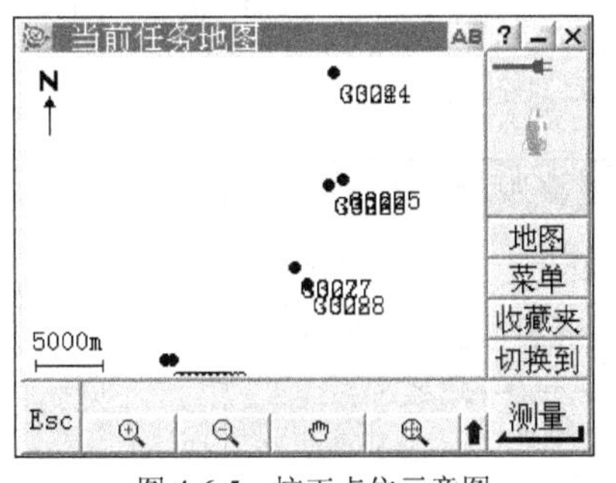

图 4-6-5　校正点位示意图

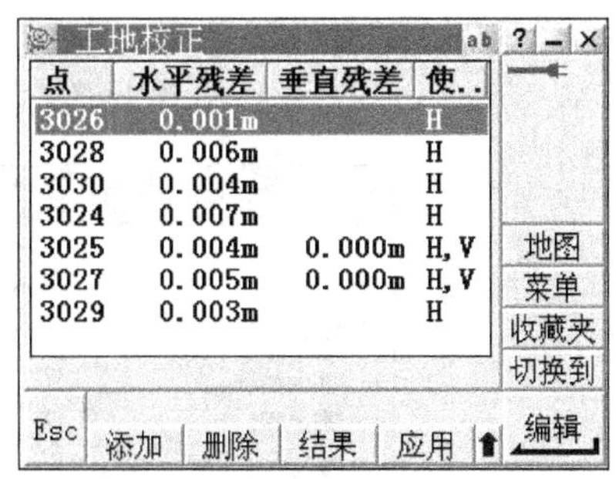

图 4-6-6　校正结果及残差

如果水平残差和垂直残差符合规范要求，则 F4［应用］即完成点校正，WGS84 坐标系到 1954 年北京坐标系或相应的地方坐标系的转换参数自动计算完成，后继测量所得为 WGS84 坐标系和当地坐标系两套坐标成果。

(二)内业软件转换参数求解

启动软件建立项目后，可采用导入控制点坐标文件或直接插入两种方式进行控制点坐标输入，如图 4-6-7 所示，两套坐标分别建立一个文件，在菜单［文件］→［导入］，选自定义选项标签，格式可自定义文本文件。直接插入点坐标同外业测量控制器输入操作相同，分别选不同的坐标系及对应点号插入，选菜单［插入］→［点］，见图 4-6-8。

选菜单［测量］→［GPS 点校正］，见图 4-6-9，选择基准转换(三参数或七参数)、水平平差、垂直平差选项，点击点列表选项，如图 4-6-10 所示，在列表中选取参与坐标和高程转换的点及转换类型，下方显示残差，残差合格后确认返回(如图 4-6-9 所示)，点击计算，查看下方计算结果，满足要求后确认保存，完成点校正。也可查看详细的坐标系统，输出坐标系统报告。

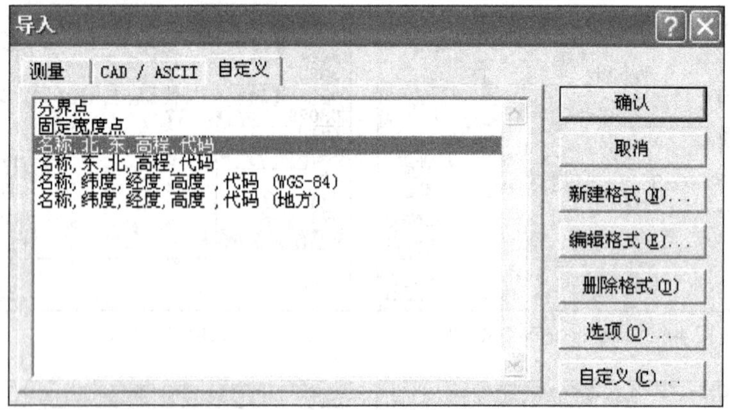

图 4-6-7　导入已知控制点

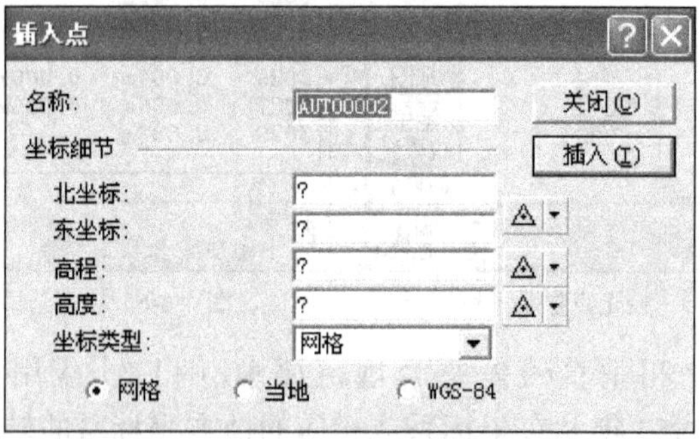

图 4-6-8　插入已知控制点

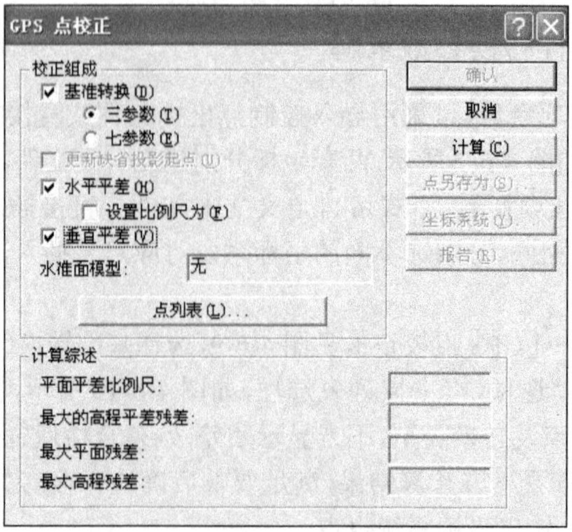

图 4-6-9　GPS 点校正

GPS 点校正 － 点列表

点(P):

名称	数值
GPS 点	CGPS3618
网格点	GPS3618
类型	平面
GPS 点	CGPS3619
网格点	GPS3619
类型	平面
GPS 点	CG3620
网格点	GPS3620
类型	平面
GPS 点	CG3615
网格点	GPS3615

确认　取消　插入(I)　删除(D)

统计

平面平差比例尺:	1.00000192
最大的高程平差残差:	20.650ppm
最大平面残差:	.012m
最大高程残差:	.007m

图 4-6-10　点列表

选择菜单[文件]→[导出],如图 4-6-11 所示,在测量选项标签里,选择导出测量控制器格式文件,将此文件传输至外业手簿里,即完成坐标和高程转换,可进行后续的外业测量。

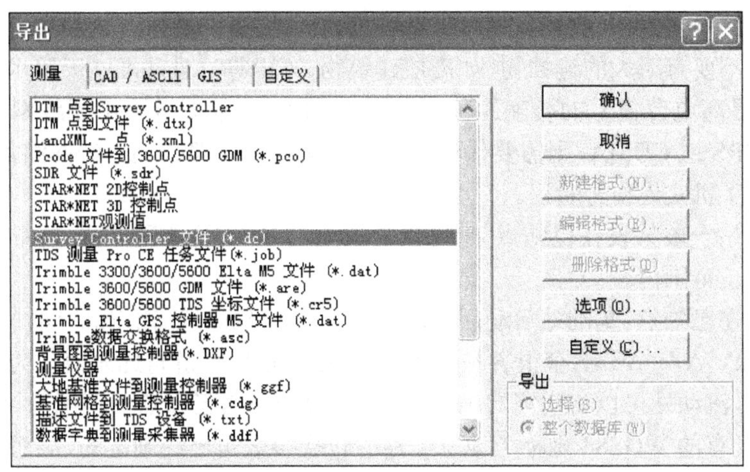

图 4-6-11　导出测量控制器格式文件

第五章　RTK基本操作

一、基准站作业

（一）基准站点位选择

GPS 卫星处在两万多千米的高空，从卫星发出信号到接收机接收，中间要经过电离层、对流层以及来自多方面的干扰，其信号一般十分微弱，通常只有 -180~-50dB。因此，要提高卫星信号接收的质量，基准站必须远离各种强电磁干扰源（如微波站、通信发射塔、变电站、高压线、电视台等）；同时，为了减少多路径效应的影响，基准站周围应无明显的大面积的信号反射物（如大面积水域、大型建筑物等）。

由于 GPS RTK 需要通过电台或无线网路实现基准站和流动站的数据链传输，采用电台模式时，一般使用超高频（UHF）电磁波，它的传输距离与接收天线的高度、地球曲率半径以及大气折射等因素有关。因此，基准站电台天线和流动站天线之间最好不要有无大的遮挡物（如高层建筑物、高山等），且基准站天线尽量设置高一些，以提高电台信号的传输距离。如果 GPS RTK 数据链采用无线网络传输模式，如 GPRS 或 CDMA，则需要保证基准站和流动站能够收到无线网络信号，使用前应采用手机实地检查验证。

基准站一般架设在已知点，也可以任意架站，但不论哪种方式，基准站均应在控制点校正范围内。

架设在已知点，基准站启动后获取的 WGS84 坐标与已知点既有的 WGS84 坐标差为 ΔX、ΔY、ΔZ，这个很容易得到，基准站通过数据链将此差值作为改正数发给流动站，流动站可以将实测的 WGS84 坐标修正为与已知点相匹配的 WGS84 坐标，由于既有的 WGS84 坐标与地方坐标的转换参数是已经确定的，故而流动站可以实测出地方坐标。

基准站任意架站，也是工作中常用的方法，与 RTK 测量的经典做法中将基准站架设在已知点相比，具有如下优势：基准站架设方便灵活，可根据情况任意架站，可选择更安全、更方便、更有利的地理位置；基准站不需要严格对中整平，也不需要丈量仪器高度，架站方便、快速，省时、省力。但采用任意架站，需要流动站增加控制点联测工作，因为任意点架站后，基准站获取的WGS84坐标是启动后实际获得的坐标，发送的数据链不是与控制网求解转换参数所用的WGS84坐标的改正数ΔX、ΔY、ΔZ，而是一个新的改正数ΔX_1、ΔY_1、ΔZ_1，此时就需要流动站到已知点进行联测，联测后流动站在已知点获得实测WGS84坐标与已知WGS84坐标的改正数为ΔX_2、ΔY_2、ΔZ_2，流动站将联测已知点获得的第二个改正数作为固定值对基准站发来的数据链进行修正从而获得与控制网匹配的WGS84坐标，进而通过转换参数获得实测地方坐标。在任意点架站可以理解为架设了一个虚拟的基准站，起到传递改正数的作用，其真正的改正还是来源于已知点，因此，要求在流动站进行已知点联测时应选择测区内质量可靠、环境良好的已知点，并严格对中整平，同时测量相对较长的时间。

架设仪器、基准站应注意仪器的安装以及各种线的连接，在条件允许时发射天线最好远离基准站主机。流动站开始作业前应进行已知点检查，确认无误后方可作业。

（二）基准站设置

1. 基准站安置

使用电台进行数据链传输的GPS RTK作业方式，基准站需要的硬件设备包括：GPS天线、GPS卫星数据接收器、测量控制器、无线电台、电池、三脚架及量高尺等。无线电台有内置和外置两种形式。其中外置电台基准站的硬件设备连接如图5-1-1所示。

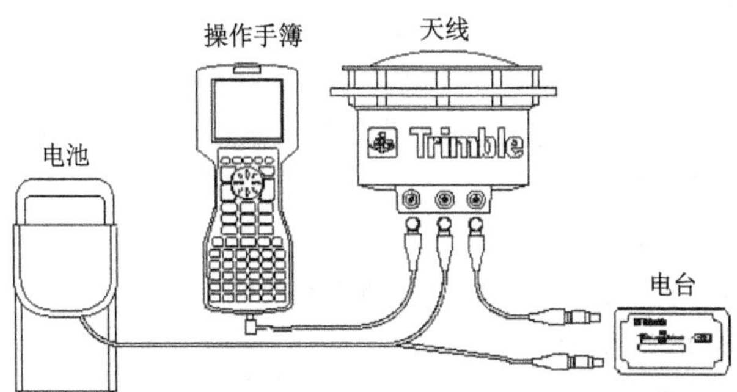

图5-1-1 天宝（Trimble）GPS RTK基准站连接示意图

使用内置电台或使用无线网络传输数据链则基站的安置比较简单，类似于静态测量。

2. 基准站设置

选定基准站，安置仪器，对中、整平，正确连接硬件设备后，一般用测量控制器设置基准站，其操作步骤（以 Trimble GPS 为例）介绍如下。

（1）建立任务

在主菜单区选择[文件]→[新任务]，输入新建任务名称，如 RTK01，如图 5-1-2 所示。

点击[属性]，查看任务属性，如图 5-1-3 所示。

图 5-1-2 新建任务

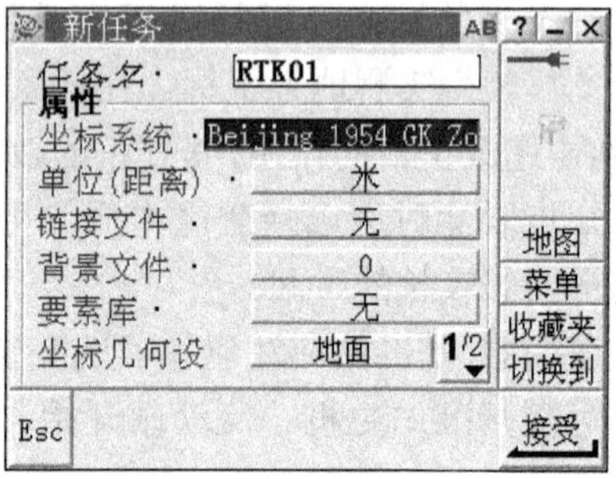

图 5-1-3 任务属性

点击[坐标系统]，如坐标系统已知，可以[从库选择]，如图 5-1-4 所示。

如库中没有，则可以点击[键入参数]，如图 5-1-5 所示。

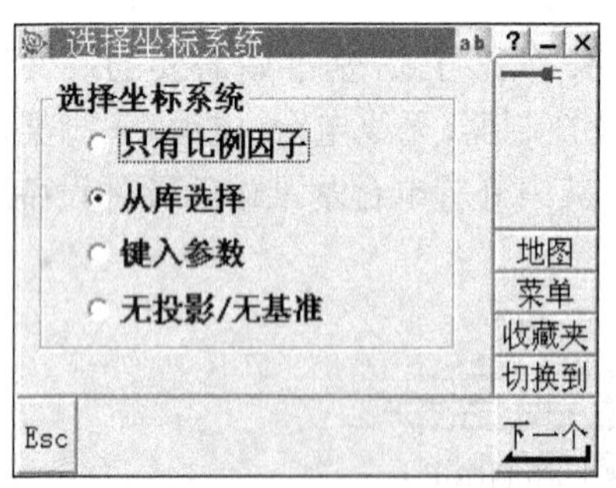

图 5-1-4 坐标系统

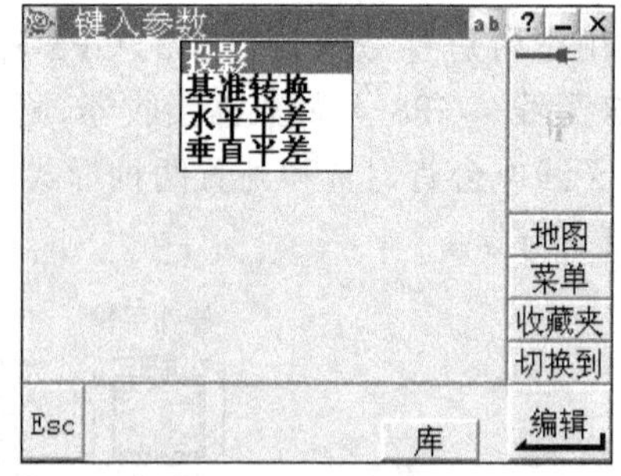

图 5-1-5 键入参数

点击[投影]，回车：

①类型：横轴墨卡托投影（等同于高斯平面投影）

②假北：0.000m（北偏移）

③假东：500000m（东偏移，也可在 500km 前加带号）

④纬度原点：0°00′00.0000N（坐标起始纬度）

⑤中央子午线：117°00′00.0000E（中央子午线经度，根据工作项目的实际情况输入）

⑥比例因子：1.000

⑦半长轴：6378245.000m（此数据为 1954 年北京坐标系椭球的长半轴，应根

据工作项目的实际情况输入）

⑧扁率：298.3（此数据为1954年北京坐标系椭球的扁率，应根据工作项目的实际情况输入）

⑨项目高度：0.0（根据项目实际情况输入）

以上投影参数是针对1954年北京坐标系统，若是当地任意坐标系，可输入无投影，利用动态点校正或静态后处理的方法求出参数，当然，1954年北京坐标系统也可输入无投影。

点击[基准转换]，回车：

①类型：三参数（有无转换、三参数、七参数和基准网格四种类型，根据已有的资料、参数选择类型，一般选三参数或七参数）

②半长轴：6378245.000m

③扁率：298.3

④ X 轴平移量：0.000m

⑤ Y 轴平移量：0.000m

⑥ Z 轴平移量：0.000m

以上为三参数，如选择七参数则如下显示：

①类型：七参数

②半长轴：6378245.000m

③扁率：298.3

④ X 轴旋转量：0° 00′ 00.0000″

⑤ Y 轴旋转量：0° 00′ 00.0000″

⑥ Z 轴旋转量：0° 00′ 00.0000″

⑦ X 轴平移量：0.000m

⑧ Y 轴平移量：0.000m

⑨ Z 轴平移量：0.000m

⑩比例因子：0.00000000ppm

上述需要输入的参数如已经求得，则可输入对应数据。

点击[水平平差]，回车：选择[类型]：无平差（如参数已经求得则选择“有平差”输入相应数据）

点击[垂直平差]，回车：选择[类型]：无平差（如参数已经求得则选择“斜面”输入相应数据）

回车[确认]，新项目建立完毕，以后再使用则点击[文件]→[打开任务]，选择任务后回车就可打开要用的任务。

（2）基准站设置

进入主菜单下的[配置]菜单，如图 5-1-6 所示。

选择[测量形式]，再选择[RTK]，如图 5-1-7 所示。

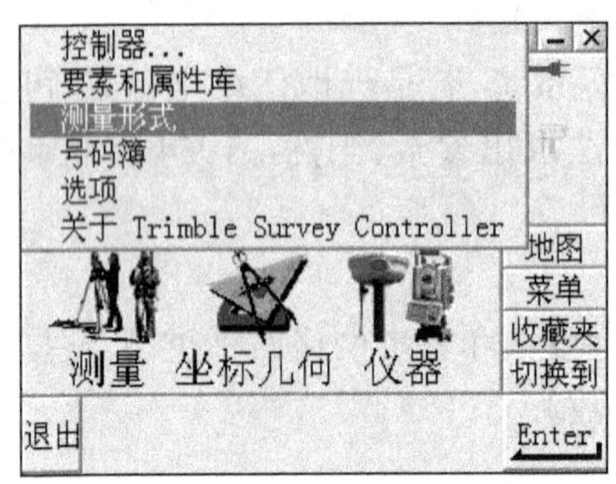

图 5-1-6 择测量形式

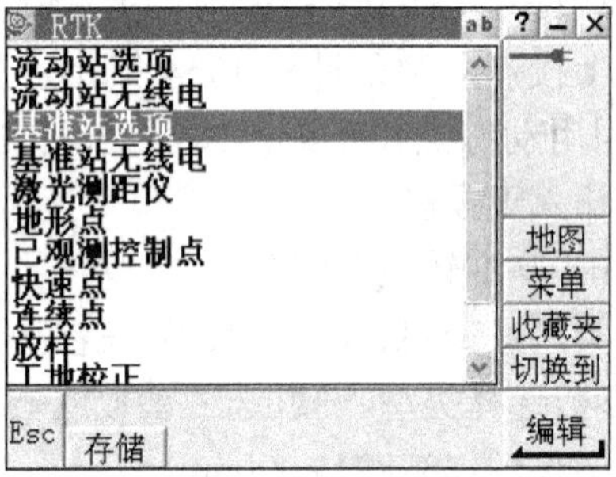

图 5-1-7 RTK 选项

选择[基准站选项]，内容如下：

①测量类型：RTK

②广播格式：CMR+（对于实时动态测量，播发信息的格式可以是 CMR、CMR+ 或 RTCM RTK。CMR 代表紧密测量记录（Compact Measurement Record），RTCM 代表海事服务无线电技术权限（Radio Technical Commission for Maritime Services）。默认格式是 CMR+，这是当代 Trimble 接收机采用的格式，是 CMR 记录的修改类型。它改进了实时测量中低带宽无线电链路的有效性）。

③输出另外的 RTCM 代码：否（当采用时间延迟的方法公用无线电频率时，不要用[输出附加代码 RTCM]选项）。

④测站索引：29（0~29 之间的整数，多组作业或与其他单位产生干扰时可以改变此数值，避免流动站连错基准站）。

⑤高度角限制：13° 00′ 00″（可按规范变动）

⑥天线类型：R8/5800/SPS780 Internal（此为 Trimble R8/5800 接收机，应根据实际机型选择）。

⑦天线测量到：Corner of bumper（此为 Trimble 5800 接收机的一种量高方式，应根据实际机型和量高方式选择）。

⑧天线高度：1.654m（为实际测量值）

⑨编号：？（仪器自动检测）

⑩序列号：？（仪器自动检测）

⑪跟踪时是否使用 L2C：否（如果基准站接收机以及所有从这个基准站接收机接收基准数据的流动站接收机所处的位置能够跟踪 L2 民用信号，则选择 L2C

复选框。这将会使 GPS 基准站接收机跟踪 L2 GPS 频率上的民用信号,并把这些 L2C 观测值发送到流动站)。

⑫跟踪 GLONASS:否(如果在测量站点的基准站接收机和那些从基准站接收机接收基本数据的流动站接收机能够跟踪 GLONASS 信号的场合,如果采用 GLONASS 观测值,则选择 GLONASS 复选框)。

选择[基准站无线电],内容如下:

①类型:Trimble PDL450(应根据实际情况选择,如采用无线网络则选择互联网连接)

②控制器端口:Bluetooth(一般选蓝牙方式,如采用电缆连接则选择对应端口)

③接收机端口:端口 3(应根据实际情况选择)

④波特率:9600

⑤奇偶校验:无

基准站无线电采用互联网连接时,需要增加的设备为带蓝牙功能的手机,在使用前用蓝牙将手簿和手机实现连接。在控制器上点击[Start]→[Settings]→[Connections],如图 5-1-8 所示。

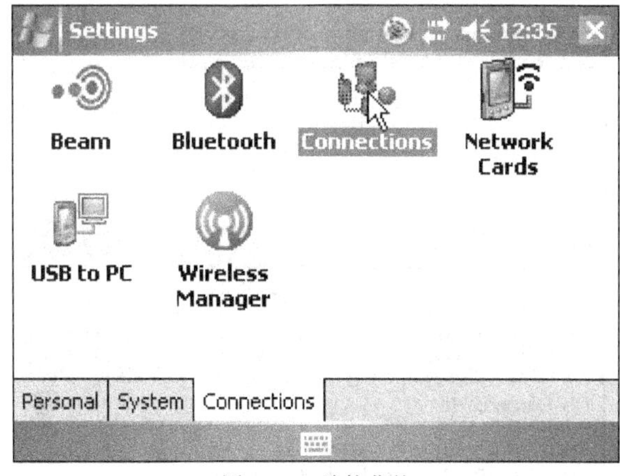

图 5-1-8 连接菜单

建立新的连接。点击[Connections]图标,然后在[My ISP]项下选择[Add a new modem connection]。为连接输入一个名称,如“my Connection”,如图 5-1-9 所示。

选择蓝牙[Bluetooth],如图 5-1-10 所示。

搜索蓝牙手机设备,如图 5-1-11 所示。

找到对应的蓝牙手机,如图 5-1-12 所示。

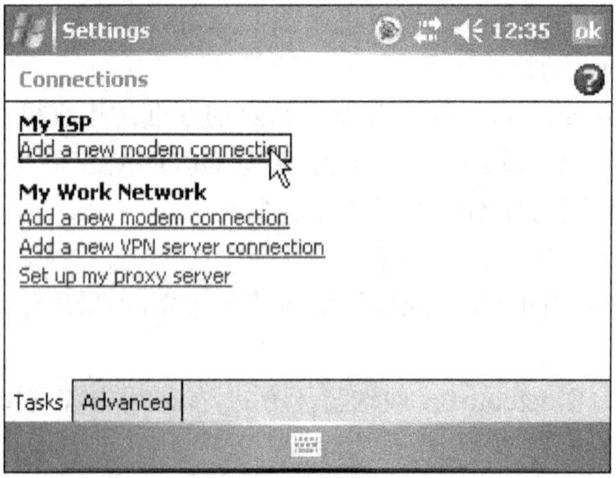

图 5-1-9 新建连接

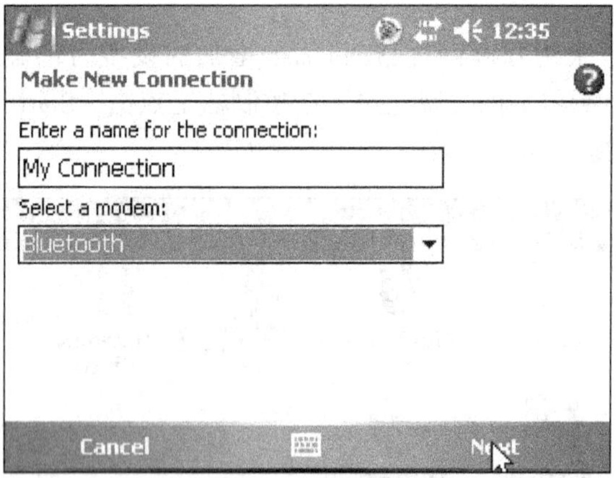

图 5-1-10 选择蓝牙

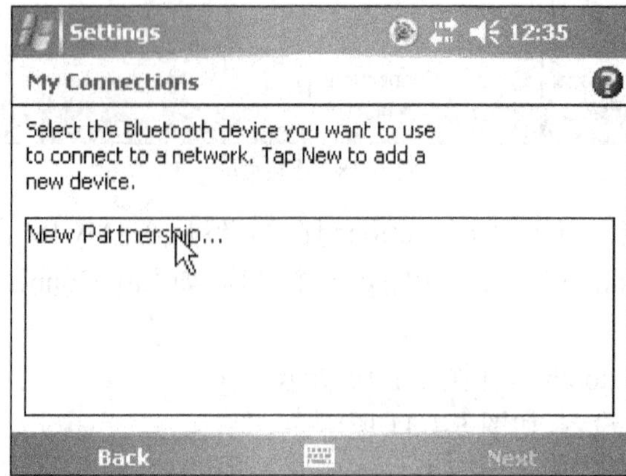

图 5-1-11 搜索蓝牙手机

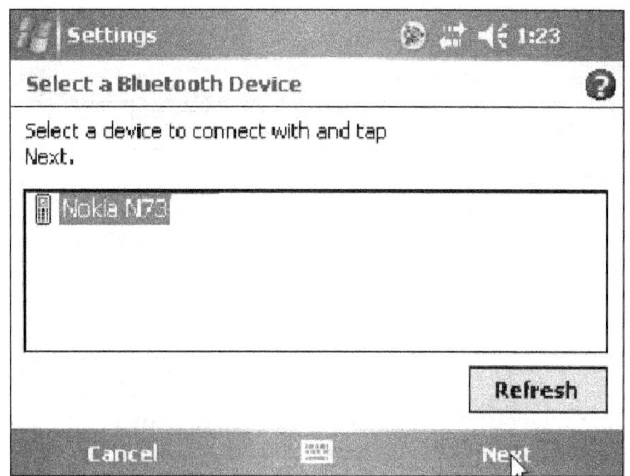

图 5-1-12　搜索到蓝牙手机

点击对应的手机，下一步［NEXT］。手簿和手机第一次连接，输入匹配密码，如输入“1234”，手机也根据提示输入“1234”，如图 5-1-13 所示。

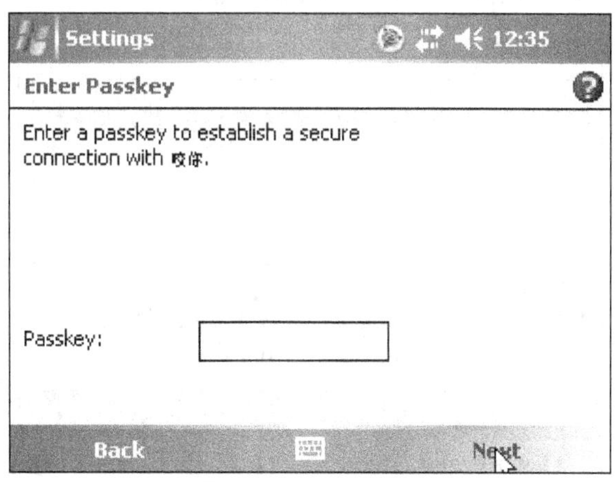

图 5-1-13　输入连接密码

点击完成，如图 5-1-14 所示。

点击连接的“手机”，点击下一步[NEXT]，如图 5-1-15 所示。

在“电话号码”框中输入“*99***1#”，选择下一步［NEXT］（注：*99***1# 为 GPRS 网络接入的标准号码，无须设置国家代码及区号等）。如果是 CDMA 网络则输入 #777。如图 5-1-16 所示。

设置通信连接拨号后，点击［NEXT］，进行下一步，输入用户名和密码，如图 5-1-17 所示。

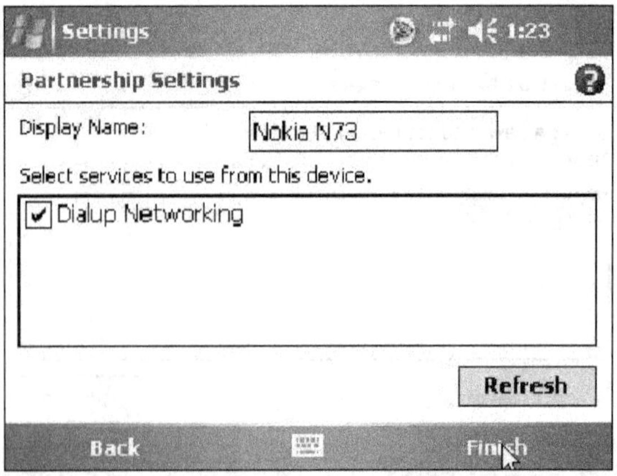

Settings
1:23
Partnership Settings
Display Name:
Nokia N73
Select services to use from this device.
Dialup Networking
Refresh
Back
Finish

图 5-1-14　手簿和手机连接成功

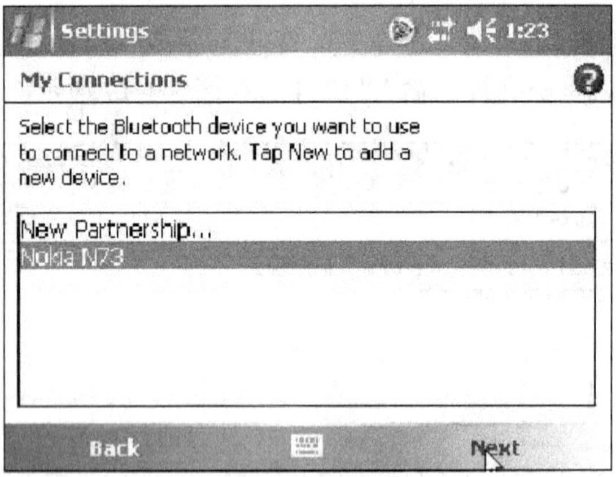

Settings
1:23
My Connections
Select the Bluetooth device you want to use to connect to a network. Tap New to add a new device.
New Partnership...
Nokia N73
Back
Next

图 5-1-15　选择手机

Settings
12:37
ok
My Connection
Enter the number exactly as it should be dialed. Include any extra numbers, such as an outside line or credit card.
*99***1#
If you travel or change area codes often, use dialing rules.
Back
Next

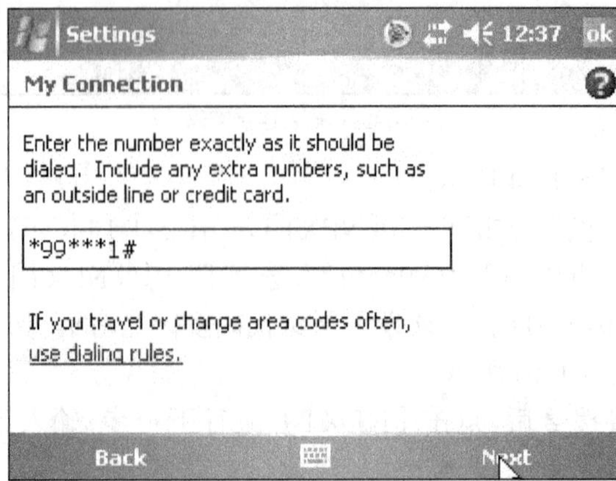

图 5-1-16　输入连接代码

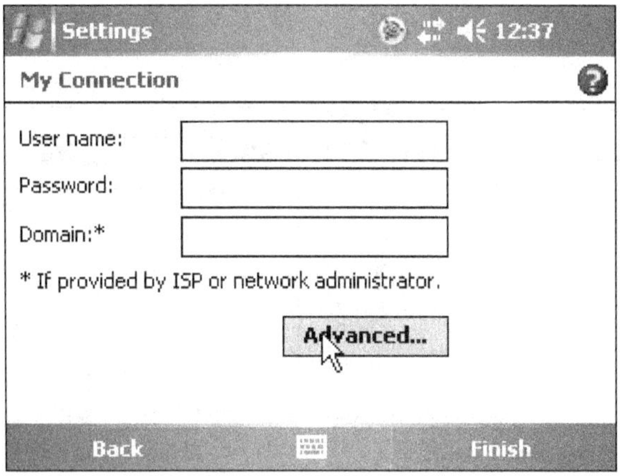

图 5-1-17　输入用户名和密码

GPRS 网络，用户名和密码都不用输，CDMA 网络用户名和密码都输入“card”，GPRS 网络，选择［Advanced］（高级），CDMA 网络不用点［Advanced］，直接点击［Finish］完成。如图 5-1-18 所示。

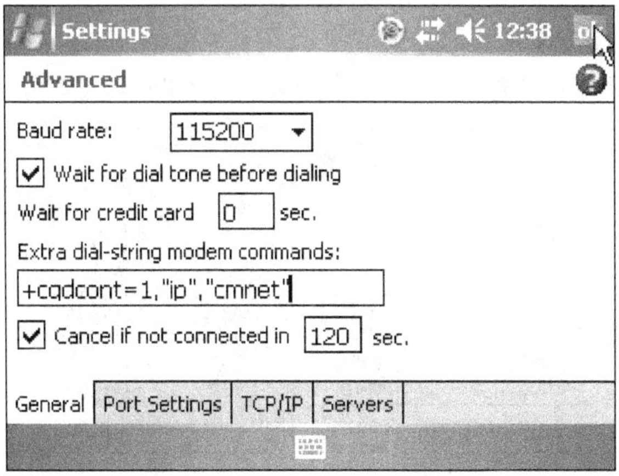

图 5-1-18　GPRS 输入高级参数

GPRS 网络高级参数，波特率为“115200”，在“额外拨号命令”文本框中输入：+cgdcont=1，“ip”“cmnet”即可，返回，点击［Finish］，至此即完成手簿与蓝牙手机的连接。

基准站无线电采用互联网连接时，有的仪器也可以直接使用电话卡。

在［配置］→［测量形式］→［RTK］，选择［基准站电台］，将基准站电台改为互连网连接，点击［拨号简表］后面小箭头。如图 5-1-19 所示。

新建连接，输入名称，使用连接为手簿连接手机时建立的连接名称。如图5-1-20所示。

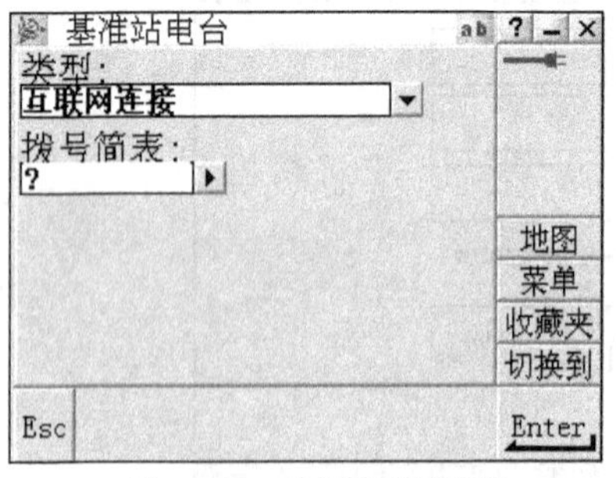

图 5-1-19　选择互联网连接

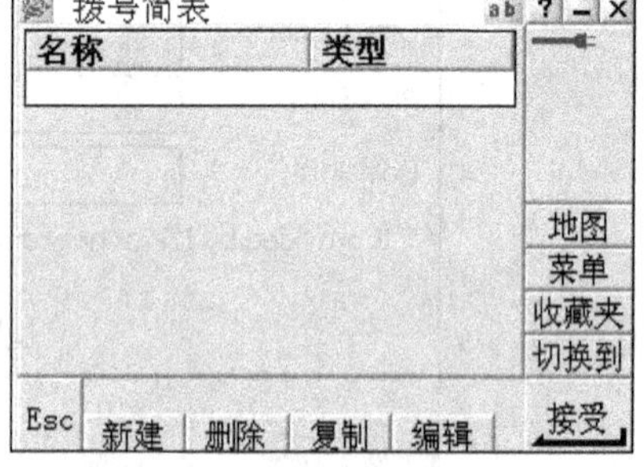

图 5-1-20　输入连接名称

蓝牙调制解调器为手机型号名称，只要使用连接选的正确，蓝牙调制解调器会自动显示，PIN不用输，APN点击后面箭头选择"无"，基准站操作模式为"作为服务器操作"，IP端口可以自定，连接类型为GPRS或CDMA。如图5-1-21所示。

然后[存储]→[接受]→[接受]→[存储]，返回，然后在[测量]→[RTK]→[启动基准站接收机]后，界面会自动显示获得的IP地址。

(3)启动基准站

进入主菜单下的[测量]菜单，选择[RTK]后，如图5-1-22所示。

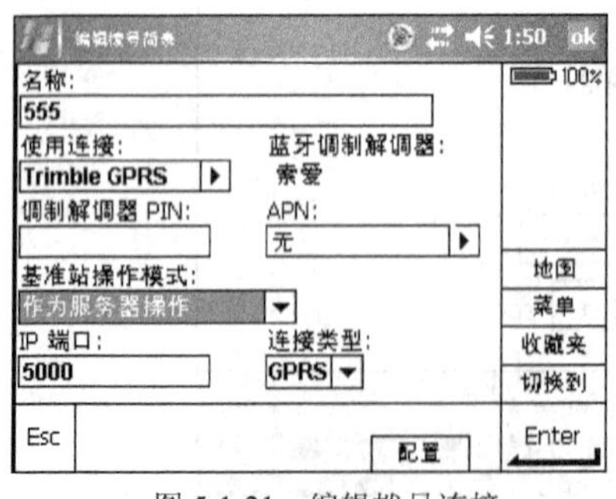

图 5-1-21　编辑拨号连接

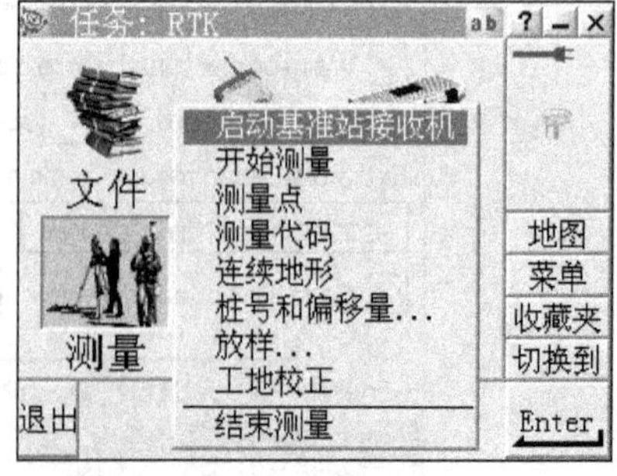

图 5-1-22　启动基准站接收机

点击[启动基准站接收机]→回车，通过蓝牙或串口线与基准站主机连接，内容如下：

①点名：(键入基准站点名称)

②代码：(可不输入)

③天线高度：(检查输入的基站天线高，注意所用仪器类别和量高方式)

键入基准站点名称时如果提示点名称不存在，则需输入点坐标，回车→[方法]→[键入坐标]，此时按F5[选项]，选对应坐标显示方法，如基站架设在已知点，选[网格]，如没有架在已知点上，选[WGS84]，回车。

架在已知点上则直接选择这个点坐标即可，如果是任意点架站，输入点名，点[此处]（表示让GPS自己测量定位），回车，按F1［开始］后，显示“切断控制器与接收机的连接”，按F1［确定］（如用线连接，此时可断开控制器与接收机的连接线，断开接收机和TSCE测量控制器的连接）。调整好无线电台的发射频率和发射天线高度，基准站工作完成即告完成。此时，只需一人留守在基准站，监视基准站的运行情况，流动站人员可以开始测量作业。

基准站一般用手簿去启动，有的品牌仪器可以设置为自启动，则开机即可（主机搜完星后便可发射，最后电台接上电瓶，注意正负极的连接）。基准站启动后要查看电台是否正确发射。

二、流动站设置

流动站离开基准站的最大距离称作GPS RTK的作业半径，它的大小取决于基准站电台信号的传输距离，且对GPS RTK测量的速度和精度有着直接影响。实验表明，当两山顶之间能够通视时，流动站距基准站47km时，也可收到差分信号。但是，在城镇作业时，如果两点之间有较高的房屋遮挡，即使相距1km也很难进行GPS RTK测量。

近年来，随着硬、软件的不断发展，GPS RTK技术也不断完善，仪器制造商竞相采用先进技术，有效地扩大了GPS RTK的作业范围。如在城市地区采用无线网络GPRS或CDMA方式传播数据链，只要有移动通信信号基本可以进行GPS RTK作业，除非流动站与基准站共用卫星不满足要求。

在建筑物或树木比较多的地区作业，流动站接收电台信号会比较弱且容易失锁，而且高程精度较差。因此，GPS RTK的作业半径以控制在10km以内为宜。当信号受影响严重时，还应进一步缩短作业半径，以提高测量的精度和速度。

流动站硬件包括：GPS天线、GPS卫星数据接收器、测量控制器、电池及对中杆等，部分天线和主机分离的仪器还需要背包。当前主流的流动站设备为接收机、对中杆和操作手簿，如图5-2-1所示为Trimble 5800流动站。

正确连接流动站硬件设备后用测量控制器设置流动站的操作步骤（以Trimble 5800为例）如下。

（1）启动任务

同基准站的设置一样（如果和基准站利用的是同一TSC1测量控制器，则可直接进入下步操作），可以新建任务或者启动已经建立的任务。

（2）流动站设置

选择[配置]→[测量形式]→[RTK]，如图 5-2-2 所示。

图 5-2-1 Trimble 5800 流动站

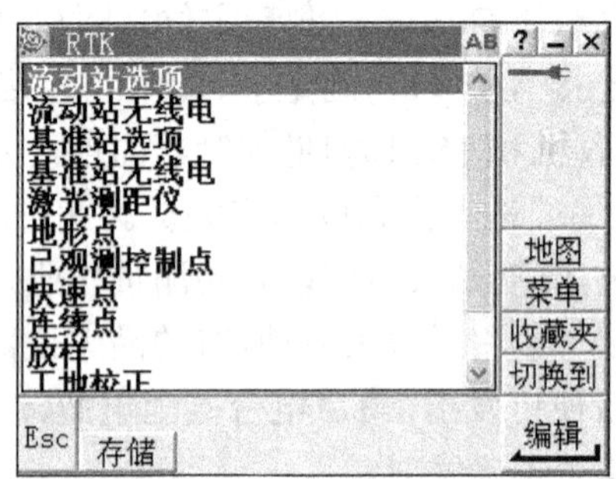

图 5-2-2 RTK 选项

选择[流动站选项]，内容如下：

①测量类型：RTK

②播发格式：CMR+

③使用测站索引：2（和基准站对应）

④提醒测站索引：是

⑤卫星差分：关（在实时测量中当无线链路中断时，如果是在美国，接收机可以跟踪和使用来自广域增加系统（WAAS）的信号；如果是在欧洲，则跟踪和使用来自欧洲全球导航覆盖服务（EGNOS）的信号。这些系统提供了 WAAS/EGNOS 位置，而不是自主的 GPS 位置。要在无线电链路中断时使用 WAAS/EGNOS 位置以便得到更精确的导航，设定[卫星差分]域到[WAAS]或[EGNOS]）

⑥忽略健康：关

⑦高度角限制：15°00′00″

⑧ PDOP 限制：6.0（当卫星的几何构图高于此限制阈值时，Trimble Survey Controller 软件将发出高 PDOP 警告信息。默认值是 6）

⑨天线类型：R8/5800/SPS780 Internal（此为 Trimble R8/5800 接收机，应根据实际机型选择）

⑩天线测量到：Corner of bumper（此为 Trimble 5800 接收机的一种量高方式，应根据实际机型和量高方式选择）

⑪天线高度：2.000m（为实际测量值）

⑫编号：？（自动检查）

⑬序列号：？（自动检查）

⑭跟踪时是否使用 L2C：否

选择[流动站无线电]，内容如下：

①类型：Trimble Internal

②方法：Trimble 450/900

此时可按回车，连接到内置电台查看和设置电台频率与基准站的一致性，连接成功，在屏幕上显示无线电连接图标，如图 5-2-3 所示。

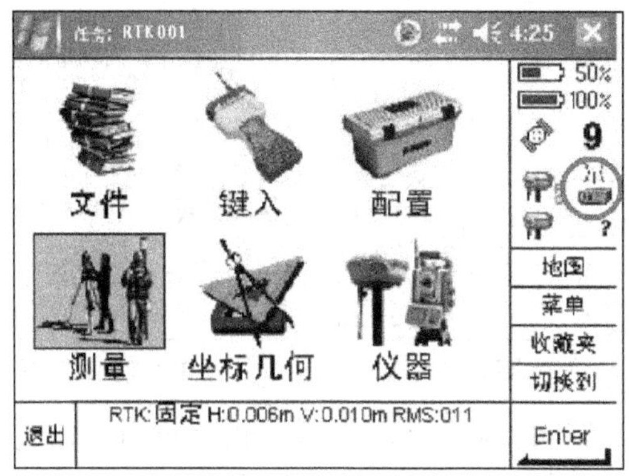

图 5-2-3　流动站无线电连接成功示意图

流动站无线电如果是无线网路方式，则流动站手簿连接手机和 GPS 接收机后，点击[配置]→[测量形式]→[RTK]，流动站选项和常规相同，不用改变。改变流动站电台，配置方法和基准站相同。

IP 地址和 IP 端口输入为基准站获取的 IP 地址，要和基准站相同。

[使用 NTRIP]选项不打勾(NTRIP 是网络 RTK 使用的选项)。如图 5-2-4 所示。

然后[存储]→[接受]→[接受]→[存储]，返回主菜单，点击[测量]→[RTK]→[开始测量]，即可启动流动站开始测量或放样工作。

点击设置[RTK]中的[地形点]选项，可以设置测量点号累进方式、质量控制方式、观测时间、观测次数、水平限差和垂直限差，如图 5-2-5 所示。

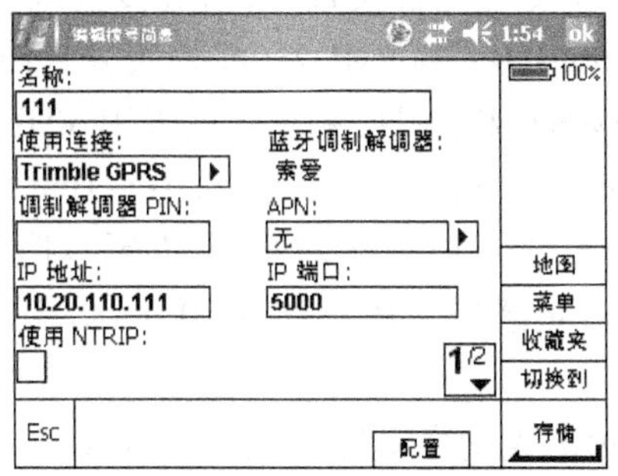

图 5-2-4　编辑拨号连接

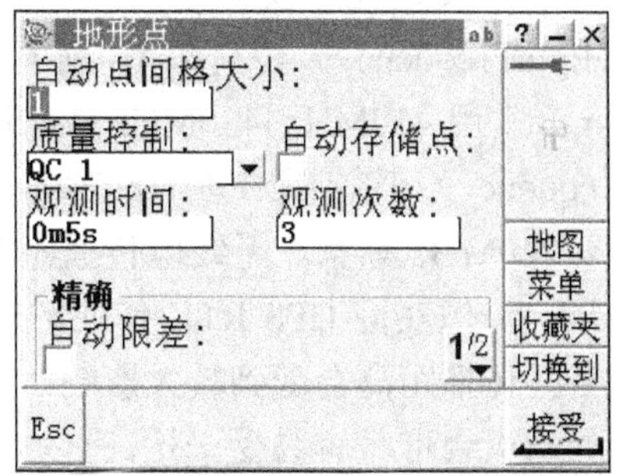

图 5-2-5　地形点选项

点击设置[RTK]中的[放样]选项，可以设置放样点细节、水平限差、显示模式等，如图 5-2-6 所示。

(3)启动流动站

在主菜单选择[测量]→[RTK]→[开始测量]，如图 5-2-7 所示。

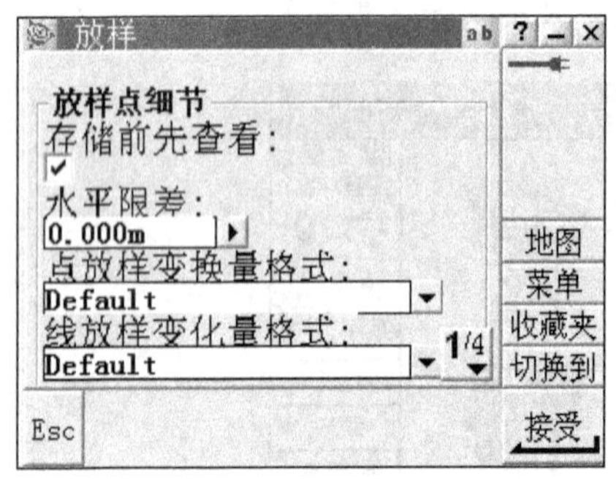

图 5-2-6　放样选项

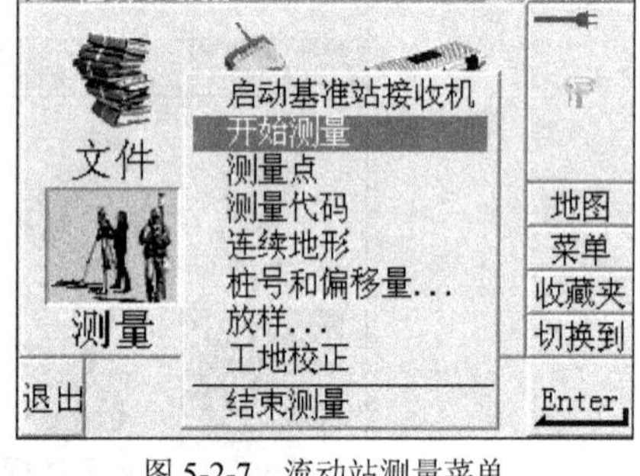

图 5-2-7　流动站测量菜单

手簿连接接收机后，再接收到基准站发来的数据链，直到[RTK：固定]出现，初始化完成，即可得到厘米级精度的解算成果，可以进行 GPS RTK 测量工作。

GPS RTK 初始化需要 5 颗及以上卫星，测量需要 4 颗及以上卫星。初始化可以在行进或静止中完成，测量过程中如果初始化丢失，则测量过程不能够完成，需要等待直到重新获得初始化并继续测量完成剩下的历元。

三、电台设置

(一)基准站电台

GPS RTK 数据链通信一般有两种方式：一种为电台模式，一种为网络模式。在经济不发达地区没有无线网络，一般使用电台模式：数据链传输采用 UHF (Ultra High Frequency) 特高频率，频率 300MHz~3000MHz (波长属分米波：波长 0.1m~1m)，常用 410MHz~430MHz 或 450MHz~470MHz 频宽。或采用 VHF (Very High Frequency) 甚高频 30MHz~300MHz (波长属米波：波长 1m~10m)，常用 220MHz~240MHz 频宽。无线电传播距离一般在 15 千米左右，两点无遮挡可以达到 40 多千米，但实际 GPS RTK 作业时受环境影响一般不超过 10 千米，无线电在山区或城区传播距离会受到较大影响。

基准站电台信号容易受干扰，所以要远离大功率干扰源，电台的架设对环境有较高的要求，一般选在比较空旷，周围没有遮挡，且发射天线架设得越高距离传得越远，无线电台工作时消耗电力较多，对电瓶的电量要求较高，出外业之前电瓶一定要充满或有足够的电量。

网络模式在我国常用的有两种模式：第一种是 GPRS（General Packet Radio Service），是通用分组无线业务，是在现有的 GSM 系统上发展出来的一种新的分组数据承载业务；第二种是 CDMA，为码分多址数字无线技术。网络模式在经济发达地区比较常用。

以华测 DL5-C 为例对电台设置加以说明如下：

在电台模式下作业时，使用电台面板开关键打开电台，使用信道切换键和功率切换键对功率和频率进行相应设置。如图 5-3-1 所示。

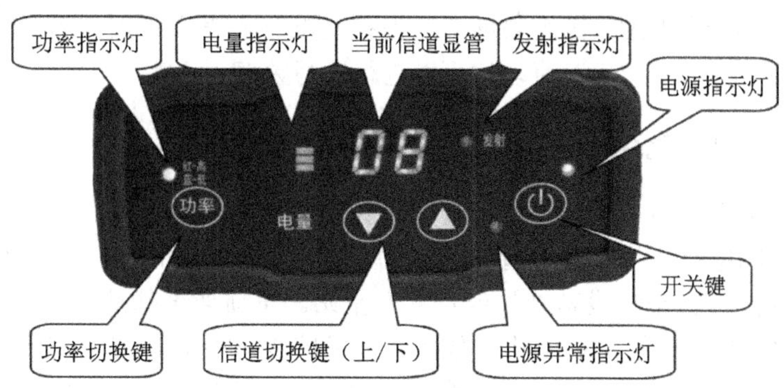

图 5-3-1 电台面板及各功能示意图

需要注意的是，每个信道对应唯一频率，可以通过华测电台写频软件对电台信道的频率进行设置。出厂各信道默认设置可参阅电台侧面标贴。功能和频率的设置如图 5-3-2 所示。

信道 CHANNEL	0	1	2	3	4
频率（MHz）	455.050	456.050	456.550	457.050	458.050
信道 CHANNEL	5	6	7	8	9
频率（MHz）	459.050	460.050	461.050	462.050	462.550

图 5-3-2 功率和频率的设置

使用［功率切换键］设置电台的功率。［红 - 高］灯亮起，默认功率 20W（通过写频软件可设置 28W）；［蓝 - 低］灯亮起，默认功率 5W（通过写频软件可设置 10W）；功率与作业距离有关，一般设置为［蓝 - 低］，默认功率为 5W，空旷地区作业距离即可达到 10km 左右，功率越大作业距离越远，但长时间大功率作业会导致电台过热而减少电台的使用寿命，故在满足作业距离的条件下，功率越小越好。

当基准站启动成功，连接线都正常的情况下，电台发射指示灯一秒闪烁一次，表明数据在正常发射。

（二）流动站电台

流动站电台一般是接收机内置，作业时仅需要一根短天线或不需要天线。有的仪器流动站接收无线电后在手簿上会出现指示标志，还有的在仪器面板上有指示灯，如华测流动站电台灯如果一秒钟闪烁一次表示收到电台信号，在"单点定位"的情况下，直接点[测量]→[启动流动站接收机]即可，大约十多秒后就可差分，达到固定解，固定后可进行其他测量了。如在基准站正常发射时，但流动站没有信号，应注意频率是否统一，对流动站可以进行读写频率。

（三）中继站电台

RTK 测量过程中由于受树木、山区或城市建筑物等地形条件限制，难免会存在障碍物影响电台信号传播的情况，使得基准站和流动站间的通信距离受到影响，通常采取的办法就是移设基准站或设立双基站。重新架设基准站耗时较多，尤其在困难山区，严重影响了 RTK 作业效率。为了扩展 GPS RTK 作业范围和距离，在基准站和流动站之间设立中继站电台是很好的解决方案，通过中继站电台转发基准站电台信号，可以扩大电台信号的传播和覆盖范围近一倍，尤其对于困难地区的线路工程测量，通过铁路项目中线测量的实践对比，可提高 RTK 作业效率 50%以上。在卫星定位测量及 RTK 测量有关规范中，对中继站电台的应用并没有涉及，由于很多用户购置接收机时标配只有一部电台，对中继站使用不太熟悉，在 GPS RTK 测量工作中应用较少，现根据工程实践应用对中继站的使用方法进行较为系统的介绍。

1. 中继站电台的原理

中继站就是一部负责接收并转发无线电信号的电台。中继站电台可以接收、转发信号，既接收由基准站电台发送的信号又将接收到的信号发送出去，一般是外置的独立电台。

在 GPS RTK 作业过程中，由于受建筑物及地形等因素的遮挡，在地面上的两个电台之间的信号可能无法直接互相传送到，但这两个电台却都能够和这个中继站很好地通联，于是不同电台之间就通过中继站的转发覆盖到了更广的范围，可帮助小功率设备实现扩大信号的目的。通过中继站的转发，解决了流动站电台与基准站电台之间因距离或障碍物而不能通联的制约，扩大了 RTK 的作业半径。该技术是通过网络物理层上面的连接设备，将 RTK 基准站的差分信号，在 RTK 信号覆盖的范围内，由一个中间通信设备接收后，再同时将 RTK 基准站的信号转发出去，扩大基准站差分信号的覆盖范围，这样流动站不管是在基准站信号覆盖的范围内，还是在中继站信号覆盖的范围内，都可以进行 RTK 作业。中继站在基准站电台覆盖的范围内，可以任意架设在未知点上进行工作。其原理见图 5-3-3。

图 5-3-3　中继站电台原理示意图

2. 中继站电台的设置

中继站电台的设置可通过两种方式进行：一种是使用电台调频软件进行；另一种是使用 RTK 测量手簿进行。

（1）电台调频软件设置

使用电台调频软件在内业完成设置，设置完成后在外业直接选取调制好的频道即可实现中继站自动连接。首先安装电台调频软件，然后将电台和计算机连接，只对工作模式一项进行修改，修改为中继站模式（Repeater），点击写入（Print）即完成设置，电台类型、频道、频率、端口及波特率等其他设置均与基准站电台使用一致，不用修改。如图 5-3-4 所示为某一品牌电台写频软件设置界面。

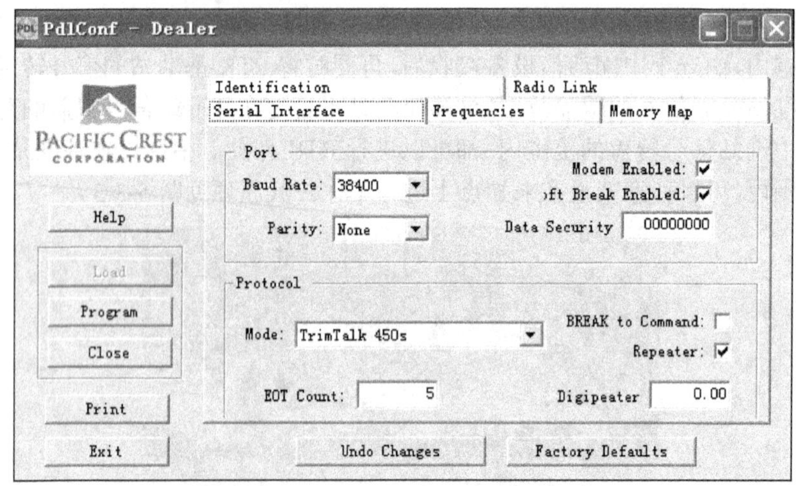

图 5-3-4　使用电台调频软件设置中继站电台

(2)使用外业手簿进行设置

使用外业手簿进行设置也比较简单，一般在室外或外业完成，首先将手簿和主机及电台进行正确连接，在测量形式中选取 RTK 基准站电台，连接电台成功后，电台功能模式选取为“中继站或转发器”，频道、频率与基准站、流动站匹配即可，灵敏度在无电子干扰时设置为高，有电子干扰时设置为低。如图 5-3-5 所示为某一品牌 GPS 接收机外业手簿设置界面。

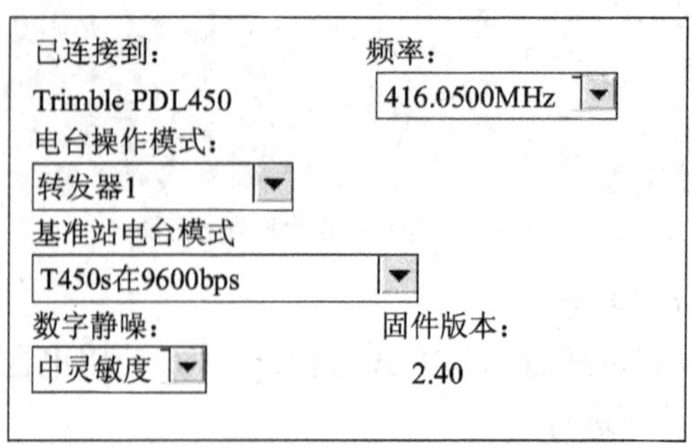

图 5-3-5　使用外业手簿设置中继站电台

3. 继站电台的作业模式

(1)作业模式

①对于面状工程来说，根据测区面积及基准站设站位置，可提前规划选择中继站位置，如图 5-3-6 所示，基准站电台覆盖范围为 A 区，根据测量计划将中继站位置可提前设计，在 A 区的边缘先后设立 B、C 等若干个中继站电台，将信号范围扩

大到了 B、C 等区，满足了电台信号覆盖和流动站测量的需要。通过增设中继站电台，在单基站 RTK 测量中，电台信号覆盖测区扩大了近一倍的面积。

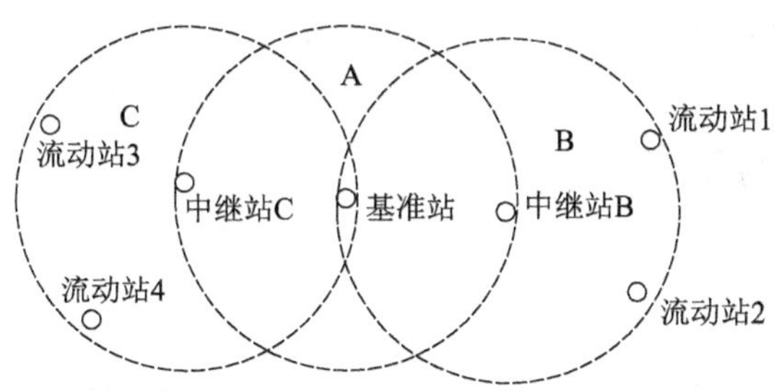

图 5-3-6 面状工程中继站的作业模式

②对于线状工程来说，流动站沿线路方向进行测量，中继站电台可同流动站一起前进作业，如图 5-3-7 所示，基准站电台信号覆盖 A 区，沿线测量至 A 区边缘时设置中继站电台，此时电台经中继站转发信号，信号覆盖范围扩大至 B 区，使流动站测量可以继续进行至 B 区范围，满足了流动站继续前进作业的需要。通过增设中继站电台，在单基站 RTK 进行线路工程测量时，电台信号覆盖线路扩大了近一倍的长度。

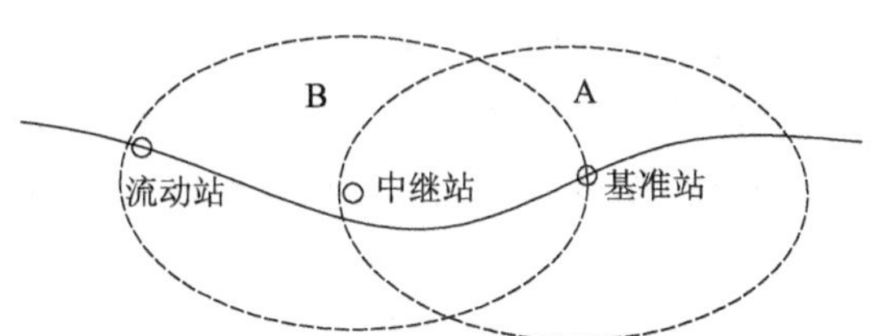

图 5-3-7 线状工程中继站的作业模式

（2）中继站电台的安置

中继站电台设置完成后，只需正确安装即可。安装比较简单，电台、天线、电缆、电源进行正确连接，天线可固定在脚架上，或架设在其他高的建筑物上。使用时开机、调整到对应频道即可开始工作，在基准站和流动站中不用进行其他设置，电台发射（TX）、接收（RX）灯均闪亮，表示中继站工作正常。

安置地点的选择原则如下：

①能接收到基准站电台信号的最远处。

②尽量选择在比较高的位置。

③选择在障碍物的上方，便于接收和转发基准站信号。

④在工作现场可移动中继站的位置对信号进行测试，选择转发效果佳的位置。

虽然 RTK 中继站电台的使用方便了外业测量，尤其对于困难山区，大大提高作业效率，但也增加了电台设备和人员的投入，同时由于信号通过转发有所损益，转发后流动站距基准站的距离增长，对测量精度也有一定的影响，在工作中应根据测量实际情况进行应用。

四、测量与放样

（一）数据检核

GPS RTK 每次作业前必须对已知控制点进行检核，对比坐标、高程应符合技术设计限差要求，确保系统正常。如检核结果超限，必须及时查找原因，直到校核无误方可开始作业。表 5-4-1 为某项目设计的检查限差。

检核点实测坐标、高程与已知值互差限（单位：mm）　　表 5-4-1

检核点	X 坐标	Y 坐标	高程
已知平面控制点	20	20	30
已知高程控制点	—	—	30

作业过程中，应对测区内作业段落附近的导线点、水准点进行坐标、高程采集测量，随时检查 RTK 系统，确保其工作状态正常。在改变作业测区、基准站迁站、基准站重新启动时，应通过已知点对系统进行粗差检核，表 5-4-2 为某项目粗差检核的限差参考值。

粗差检核限差参考值（单位：mm）　　表 5-4-2

检　核　点	实测值与理论值互差	
	平面点位	高程
最强导线点（测段起始点）	30	35
最弱导线点（测段中间点）	70	35
其他导线点	30	35
中线控制桩（方桩）	40	35
中桩（板桩）	70	100

对已知点检核值超过技术设计规定的参考值时，需查找分析原因，确认系统无误后，方可继续进行测量，检核过程应留有原始记录，并进行资料整理，检核结果作为验收是否合格的依据。

检核测量点点名在原点名前加前缀 JH，如对一个点进行两次以上检核时，点名在原点名前加前缀 JH1、JH2、…。

(1)改变作业测区时的检核要求

应在作业测区内某一已知控制点上进行初始化取得固定解,并确认实时坐标和高程正确、系统正常。

应对相邻作业测区至少一个控制点进行检核。

应对相邻作业测区已完成的至少一个明显地物点或放样点进行检核。

(2)基准站迁站重新设置时的检核要求

应在作业测区内某一已知控制点上进行初始化取得固定解,并确认实时坐标和高程正确、系统正常。

应对已完成的至少一个明显地物点或放样点进行检核。

(3)基准站重新启动时的检核(间隙检核)

应对已完成的至少一个明显地物点或放样点进行检核。

(二)测量点

测量点是 GPS RTK 的最基本功能,当[RTK]=固定时,对中待测点位,对中杆上气泡居中后,即可开始测量,开始倒计时测量,测量完成后出现提示表示点已测出并可储存在测量控制器中,如满意即可储存,有的仪器可以设定"自动储存"功能,则测完后自动记录在控制器内。

在测量点时不仅要输入点名称,还要输入点的代码,输入测点的代码,可方便内业对测量原始数据的编辑整理。在测量点之前一般应设好测量点的类型及观测时间、观测精度等要求,如观测控制点一般时间要长,并有对中整平要求,有的技术规范还要求测量 2 次或以上;而测量地形点一般要求测量时间短,只需手扶对中杆即可。

不同的仪器厂商开发的测量点软件,有时还有辅助成图功能,可以在测量过程中进行编辑,或者用已测点交会出不能用 GPS RTK 测量的点,如隐蔽的房角等。

测量点可以用来测量图根点,测绘地形图,测量并计算测区界线、面积和土方数量等,测量结果可以传输到计算机,其格式一般为:点名称,北坐标,东坐标,高程,代码,其他信息……

(三)放样点

放样点也是 GPS RTK 的基本功能,如 Trimble 系列 GPS 接收机,在 TSCE 电子手簿,点击[测量]→[RTK]→[放样]→[点]→回车后出现如图 5-4-1 所示放样点列表。

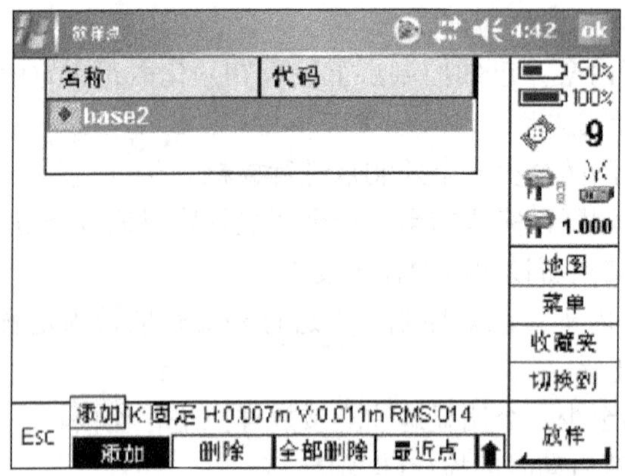

图 5-4-1　放样点列表

按［添加］可以增加要放样的点，［删除］即从放样点列表去掉不放样的点，［全部删除］即从放样点列表中去掉所有点，［最近点］即开始放样距离流动站仪器最近的点。选择要放样的点后，回车，开始放样，如图 5-4-2 所示，显示距离放样点的方向和距离。

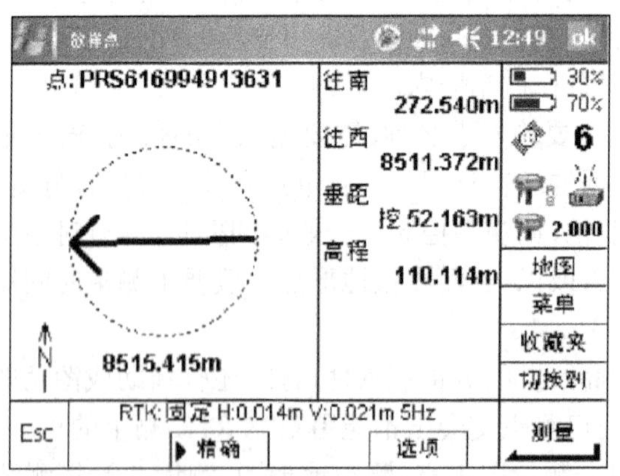

图 5-4-2　指示放样点方向和距离

在 GPS 天线移动过程中箭头指向要放样的点，在接近放样点时，屏幕图形出现放样点与流动站的对应关系。可按 F2［精确］转换为精确放样模式，按［测量］可以对放样后的点进行测量，以检查放样点的精度。

（四）放样道路

铁路、公路道路测设是把在图样上设计的线位在实地标定出来，并测取所标定里程桩号的高程，是对平面点的放样和对平面点所在位置的高程测量的一个综合作业过程。用 GPS RTK 技术能够实现放样后立即测量高程。

以 Trimble GPS 接收机为例，在 TSCE 电子手簿，点击［测量］→［RTK］→［放样］→［道路］→回车后出现放样道路列表，选择要放样的道路，可以按照道路里程或道路任意位置放样，放样具体里程点的方法同放样点一致，如图 5-4-3 所示。

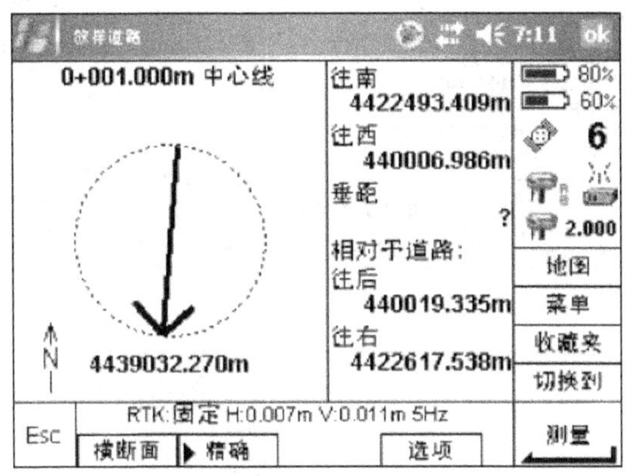

图 5-4-3　道路显示

GPS RTK 放样道路有很多值得注意的问题和经验，主要在以下两点。

（1）GPS RTK 测量适宜开阔、平坦、无高大树木、建筑物的测区。对不满足 GPS 静态测量的选点要求的点位同时也不应采用 GPS RTK 测量。

（2）在需进行测量的位置不符合 GPS RTK 测量点位要求，难以或无法进行初始化取得固定解时，中桩测设时可在其附近定位，用皮尺交会平面位置，在附近相同高程点上采集高程。或在其附近测设两个通视的固定桩，以方便用全站仪进行补充测量。

（五）其他测量

以华测测地通为例，包括电力线测量、参考线放样、道路横断面测量等。

［测量］→［其他测量］→［电力线测量］，单击屏幕中间地图区，则在上方出现测量地物选项，待流动站固定后即可进行电力线的测量工作。如图 5-4-4 所示。

［测量］→［其他测量］→［参考线放样］，即可开展参考线放样。如图 5-4-5 所示。

测地通软件提供横断面数据采集功能，将道路放样界面右下角“横断面采集”勾选即进入横断面测量模式。在道路视图中出现一条与道路曲线垂直的红色线条表示横断面。右侧信息栏距离提示会变成“横偏”和“纵偏”。如图 5-4-6 所示。

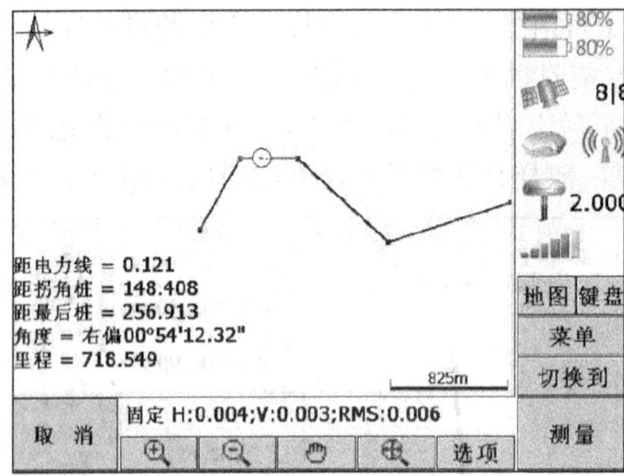

图 5-4-4 电力线测量

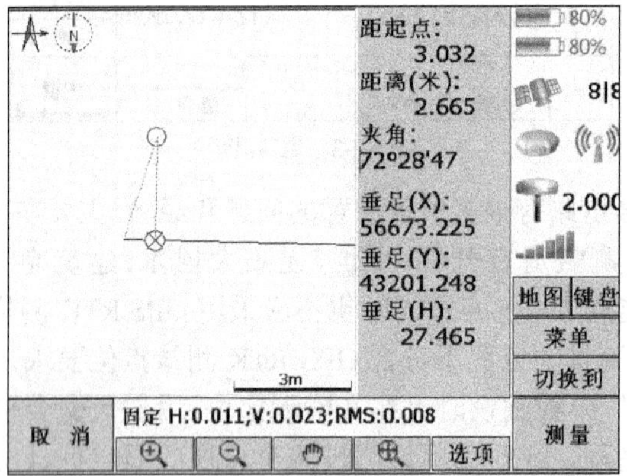

图 5-4-5 参考线放样

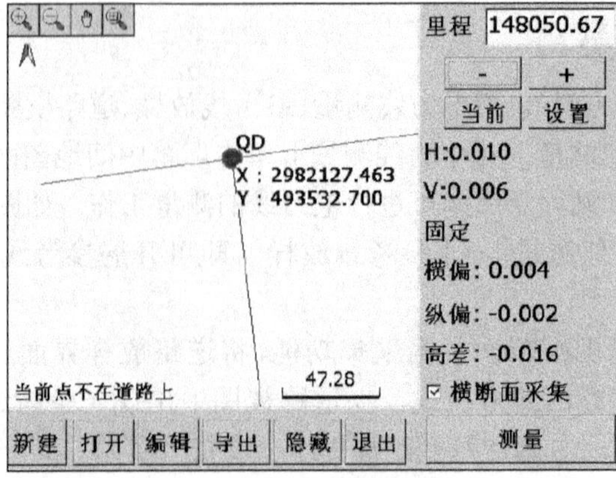

图 5-4-6 横断面采集

测量之前可以点击[设置]，设置横断面测量的偏移量，并指定左偏或右偏。点击[测量]，进入横断面点测量界面，横断面测量点名采用“中桩桩号+数字”来表示。点击[测量]，进行横断面测量，结果显示“横偏”、“纵偏”、“高差”等信息。点击[保存]，保存横断面测量数据。如图5-4-7所示。

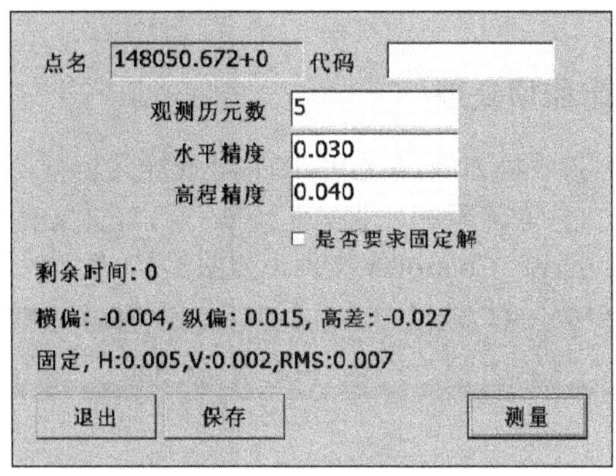

图5-4-7　横断面数据显示

[横偏]即仪器到道路中线的垂直距离；[纵偏]即仪器到该测量里程横断面的垂直距离；继续在该横断面测量时，点名“+”后面的数字会自动累加，点击[测量]，测量结束后需点击[保存]，保存当前测量数据。如图5-4-8所示。

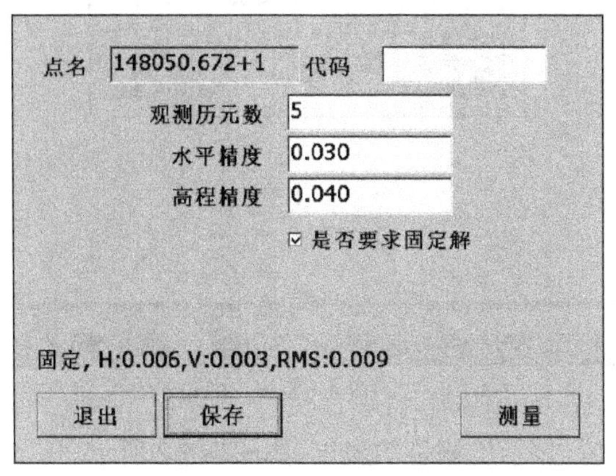

图5-4-8　横断面采集下一点

需要注意的是，在该里程的横断面测完后，如继续下一个里程横断面测量时，需要先把[横断面采集]取消勾选，把里程改为对应里程后，再选中[横断面采集]，开始下一个里程的横断面采集，否则测量点会一直在上一个里程下面累加。

道路放样过程结束后，需要将测量数据导出。在道路放样界面，点击[导出]，在“选择输出”界面选中需要的数据：中桩数据或横断面数据，点击[下一步]，打开测量文件，显示出所测量的数据。

五、数据处理

(一)数据传输和预处理

以 Trimble GPS 接收机为例，在 GPS RTK 线路定线测量结束后，用 TGO 软件建立一个项目，导入 TSCE 测量的外业文件“*.dc”。点击[文件]→[导入]，选择测量标签中的 Trimble Survey Controller 文件。如图 5-5-1 所示。

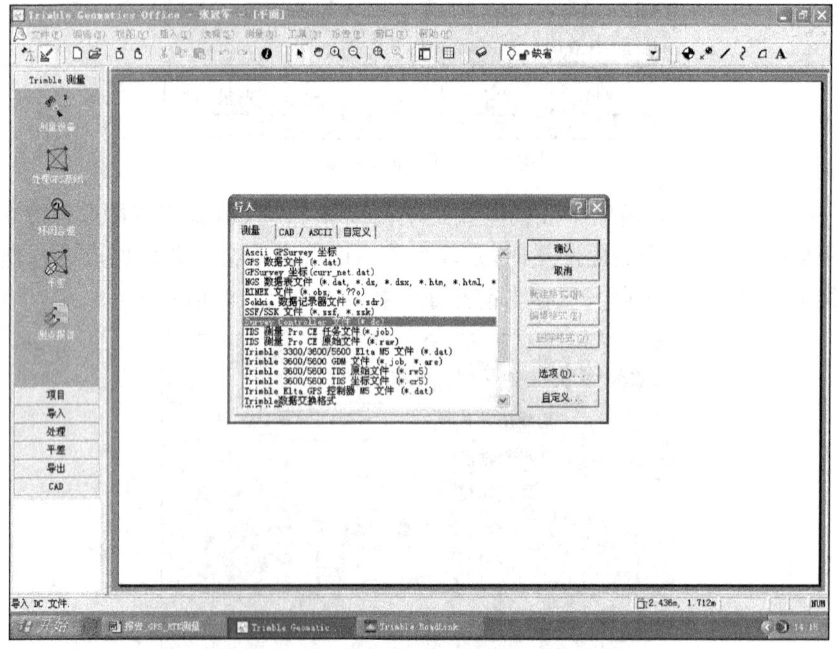

图 5-5-1　导入 Trimble Survey Controller 文件

导入外业文件后，显示所测量的数据，如图 5-5-2 所示。

检查外业测量数据，设计输出资料格式。点击[导出]→[自定义标签]→[新建格式]，输入名称等，[导出从]选择“放样道路点细节”，在格式标题、格式体、格式注脚各栏中点鼠标右键弹出从提供的域代码列表中选择需要的输出格式。另外，在测量 /CAD/ASCII/GIS/ 自定义中可输出其他格式或形式的文件。如图 5-5-3 所示。

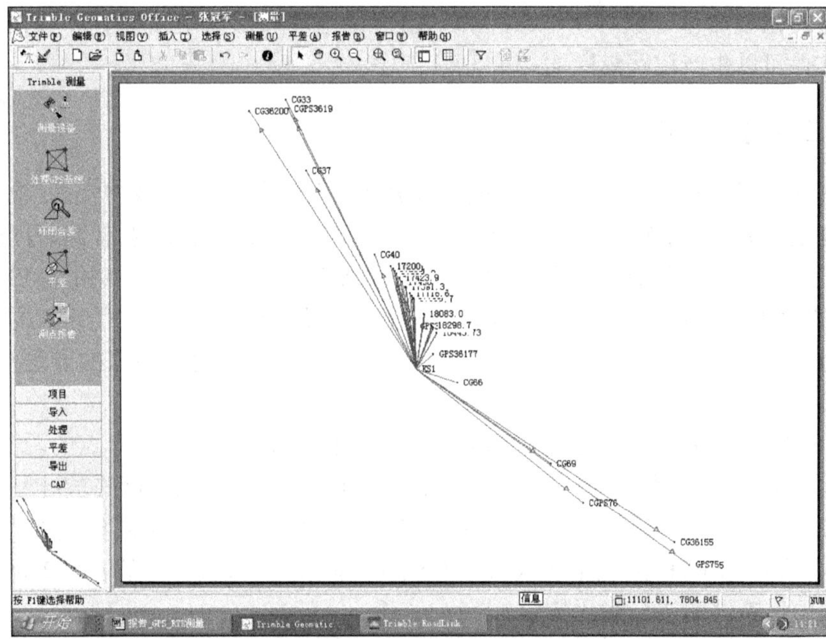

图 5-5-2　显示测量数据

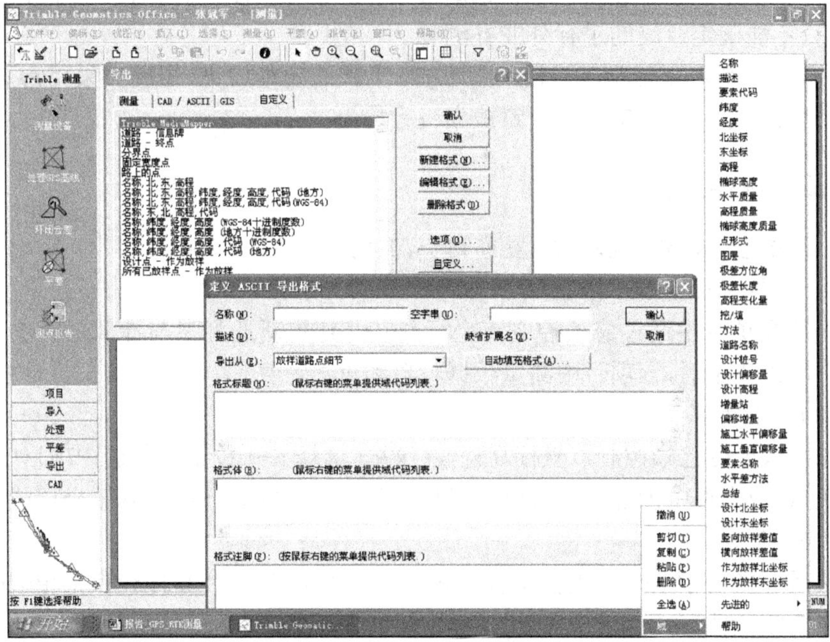

图 5-5-3　数据输出格式设置

道路定线测量一般导出 *.csv 格式文件，经整理后形成道路桩号高程文件，根据此文件可以生产道路纵断面。

（二）内业检查

外业测量结束后，及时将原始记录数据传入计算机，对测量数据进行检查，进行精度统计分析，剔除粗差，对不能满足测量要求的数据进行重测、补测，并按要求做好记录。也可在软件中设计定义一个质量报告，对每一个测量点的 RMS、放样差、水平精度及垂直精度进行统计，凡超过限差的要分析原因，并进行补测。

对成果的检验可作为验收检查的依据和结果，不满足检验限差的要进行补测或重测。

（1）对 GPS RTK 测量值与已知控制点成果的比对检验、对同一点的两次测量值对比检验、不同基准站对同一点测量结果的对比检验按作业检核要求进行。

（2）将 GPS RTK 测量中线成果展到 1/2000 地形图上，对比高程是否存在粗差；或者将 GPS RTK 测量中线成果绘制成纵断面图，与按设计中线在 1/2000 地形图截取的纵断面图进行对比检验。

（3）按中线设计资料，检查 GPS RTK 测设各中桩是否存在里程粗差，是否偏离线位，中桩平面坐标和设计坐标偏离值按作业检核要求进行，对存在粗差的点进行分析，不能确定原因的进行外业补测。

（4）对于特殊重点交叉、控制重大方案工程的测量成果，还应当采用常规手段（如全站仪测量）对 GPS RTK 测量成果进行检测。

（三）数据重算

1. 改变坐标和高程转换（重新进行点校正）

（1）利用外业电子手簿重算

重新在项目中通过修改控制点坐标、高程，或重新选择参与计算的点的数量，进行重新点校正后，该项目中测量数据将自动重新计算。

（2）内业重算

添加或改变已知控制点坐标高程，在菜单[选择]→[校正点]，选中项目中所用的校正点，双击选中的点，在属性标签里选择所要修改的点，进行修改坐标或高程，如图 5-5-4 所示。

然后选择[测量]→[点校正]，重新进行点校正，坐标和高程转换将相应改变，所测量 RTK 数据也随新的坐标和高程系统进行重算。

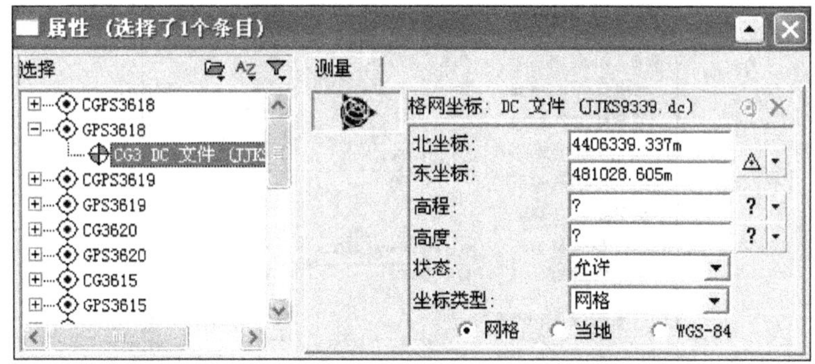

图 5-5-4 修改点坐标

2. 重设天线类型或天线高

流动站天线类型或天线高需要修正时，对于个别点，直接双击选择此点，在属性标签里进行修改，回车或点击标签外屏幕确认，见图 5-5-5。修改完成后，选择[测量]→[重新计算]，该点的高程按修改后重新计算新成果。

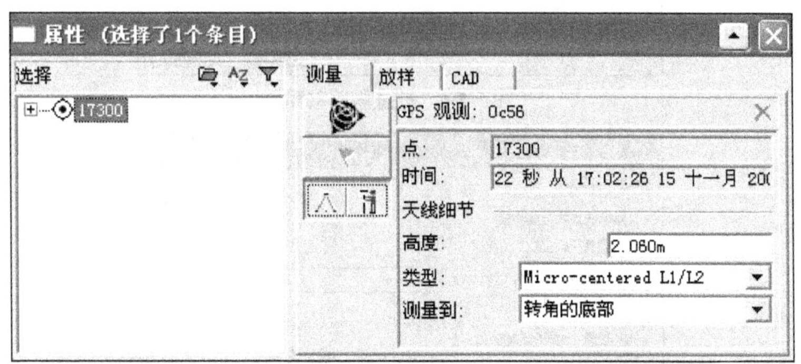

图 5-5-5 修改天线高

如果为一批点需要修改，则可以在菜单[选择]中进行点的筛选设置，或者直接手工选择全部要修改的点，选菜单[编辑]（或点右键）→[复合编辑]，进行相应修改后确定，见图 5-5-6。修改完成后，选择[测量]→[重新计算]，该点的高程按修改后重新计算新成果。

基准站天线类型或天线高需要修正时，涉及在此站上所测量的所有点，选中基准站点后，选菜单[编辑]（或点右键）→[复合编辑]，进行相应修改后确定。注意如果基准站多次设置时，在修改时要在下拉菜单中选择对应需要修改的天线高，见图 5-5-7。修改确认完成后，选择[测量]→[重新计算]，该点的高程按修改后重新计算新成果。

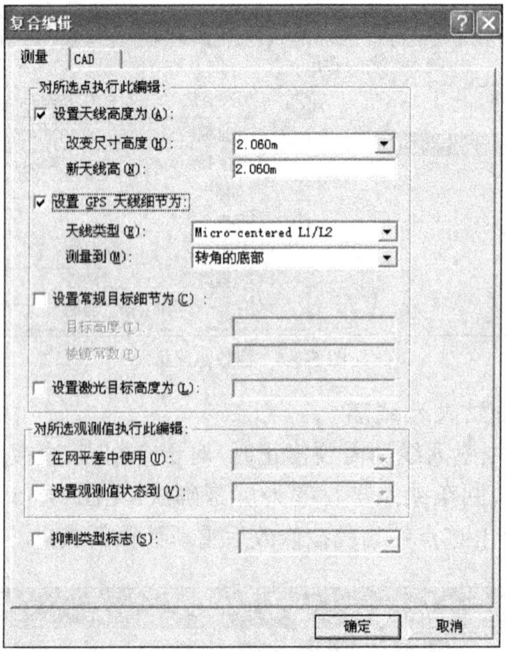

图 5-5-6　批量修改重算

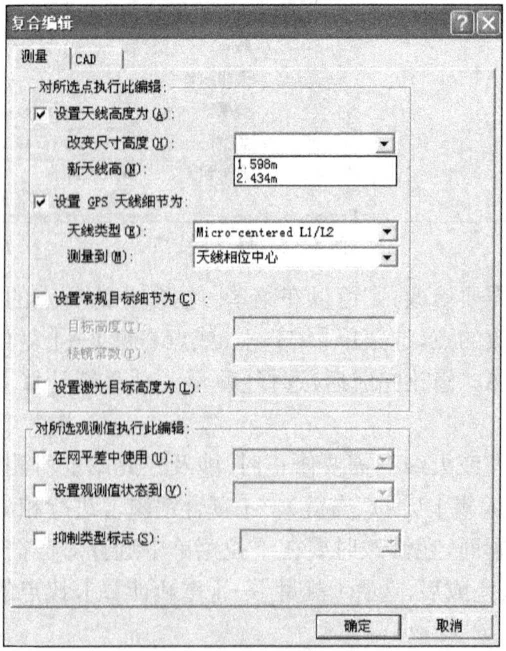

图 5-5-7　基站天线高修正

3. 变更点号

个别点号变更，点击此点，在属性标签里直接修改。重新对点命名，选择菜单［编辑］→［重命名点］，可对点进行重命名，增加前缀、后缀，添加常数。如图 5-5-8 所示。

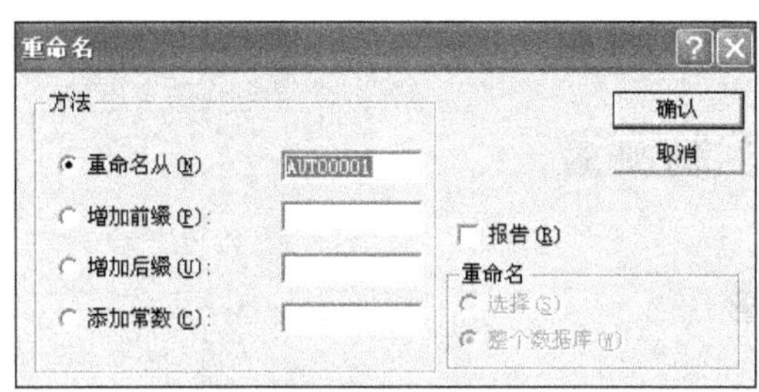

图 5-5-8 重命名点号

(四)数据转换

在 GPS 静态测量中，不同坐标系的坐标转换是在数据后处理时进行的。而对于 GPS RTK 测量，要求实时得出待测点在实用坐标系(1980 年西安坐标系、1954 年北京坐标系或地方独立坐标系等）中的坐标，因此，坐标转换问题就显得尤为重要。

坐标转换参数的求解方法，一般是在 GPS RTK 作业前首先在测区做一定数量的静态 GPS 控制点，与实用坐标系的控制点联测，以同时获取 GPS 控制点的 WGS84 坐标系统坐标成果和实用坐标系统坐标成果，然后利用后处理软件或 GPS 控制器(电子手簿)内置的实时处理软件求解某个区域的坐标转换参数。如果测区内的已知控制点已经具有实用坐标系坐标和 WGS84 坐标系坐标，则可直接利用随机软件求解坐标转换参数。

求解坐标转换参数所使用的已知控制点（通常称为基准点）的精度、密度及分布状况对坐标转换参数的求解质量有着直接影响。因此，所选定的基准点要求精度要高，并且应均匀分布在测区周围。基准点的数量视测区的大小一般以取 4~6 点为宜。一般地，在求解坐标转换参数时，应采取不同基准点的匹配方案，用不同的计算方法求得坐标转换参数，经比较后选择残差较小、精度较高的一组参数使用。

由于坐标转换参数的求解精度与已知点两套坐标的精度和区域内点位的分布有关，因此坐标转换参数是有区域性的，它仅适用于已知点所圈定的区域和临近地区，其外推精度明显低于内插精度。因此，在一个测区求解的坐标转换参数不能直接应用到其他测区。

第六章 RTK测量

一、RTK 控制测量

(一)外业测量

1. 一般规定

RTK 控制测量前,应根据任务需要,收集测区高等级控制点的地心坐标、参心坐标、坐标系统转换参数和高程成果等,进行技术设计。

RTK 平面控制点按精度划分等级为:一级控制点、二级控制点、三级控制点。RTK 高程控制点按精度划分等外高程控制点。适用于布设外业数字测图和摄影测量与遥感的控制基础,可以作为图根控制、像片控制测量、碎部点数据采集的起算依据。平面控制点可以逐级布设、越级布设或一次性全面布设,每个控制点宜保证有一个以上的等级点与之通视。RTK 测量可采用单基准站 RTK 测量和网络 RTK 测量两种方法进行。在通信条件困难时,也可以采用后处理动态测量模式进行测量。

RTK 测量卫星的状态应符合表 6-1-1 规定。

RTK 测量卫星状态的基本要求　　表 6-1-1

观测窗口状态	截止高度角 15°以上的卫星个数	PDOP 值
良好	≥6	<4
可用	5	≥4 且≤6
不可用	<5	>6

2. RTK 平面控制点测量

RTK 平面控制点测量主要技术要求应符合表 6-1-2 规定。

RTK 控制点平面坐标测量时,流动站采集卫星观测数据,并通过数据链接收来自基准站的数据,在系统内组成差分观测值进行实时处理,通过坐标转换方法将观测得到的地心坐标转换为指定坐标系中的平面坐标。

在获取测区坐标系统转换参数时,可以直接利用已知的参数。

RTK 平面控制点测量主要技术要求 表 6-1-2

等级	相邻点间距离(m)	点位中误差(cm)	边长相对中误差	与基准站的距离(km)	观测次数	起算点等级
一级	≥ 500	≤ ±5	≤ 1/20000	≤ 5	≥ 4	四等及以上
二级	≥ 300	≤ ±5	≤ 1/10000	≤ 5	≥ 3	一级及以上
三级	≥ 200	≤ ±5	≤ 1/6000	≤ 5	≥ 2	二级及以上

注:1. 点位中误差是指控制点相对于起算点的误差。

2. 采用单基准站 RTK 测量一级控制点需更换基准站进行观测,每站观测次数不少于 2 次。

3. 采用网络 RTK 测量各级平面控制点可不受流动站到基准站距离的限制,但应在网络有效服务范围内。

4. 相邻点间距离不宜小于该等级平均边长的 1/2。

在没有已知转换参数时,可以自己求解。地心坐标系(2000 年国家大地坐标系)与参心坐标系(如 1954 年北京坐标系、1980 年西安坐标系或地方独立坐标系)转换参数的求解,应采用不少于 3 点的高等级起算点两套坐标系成果,所选起算点应分布均匀,且能控制整个测区。转换时应根据测区范围及具体情况,对起算点进行可靠性检验,采用合理的数学模型,进行多种点组合方式分别计算和优选。RTK 控制点测量转换参数的求解,不能采用现场点校正的方法进行。经、纬度记录精确至 0.00001s,平面坐标和高程记录精确至 0.001m。天线高量取精确至 0.001m。

RTK 平面控制点测量基准站的主要技术要求如下:

(1)基准站应选择在高一级控制点上。

(2)用电台进行数据传输时,基准站宜选择在测区相对较高的位置。用移动通信进行数据传输时,基准站必须选择在测区有移动通信接收信号的位置。

(3)选择无线电台通信方法时,应按约定的工作频率进行数据链设置,以避免串频。

(4)应正确设置随机软件中对应的仪器类型、电台类型、电台频率、天线类型、数据端口、蓝牙端口等。

(5)应正确设置基准站坐标、数据单位、尺度因子、投影参数和接收机天线高等参数。

RTK 平面控制点测量流动站主要技术要求如下:

(1)用数据采集器设置流动站的坐标系统转换参数,设置与基准站的通信。

(2)RTK 测量流动站不宜在隐蔽地带、成片水域和强电磁波干扰源附近观测。

(3)观测开始前应对仪器进行初始化,并得到固定解,当长时间不能获得固定解时,宜断开通信链路,再次进行初始化操作。

（4）每次观测之间流动站应重新初始化。作业过程中，如出现卫星信号失锁，应重新初始化，并经重合点测量检测合格后，方能继续作业。

（5）每次开始作业前或重新架设基准站后，均应进行至少一个同等级或高等级已知点的检核，平面坐标较差不应大于 7cm。

（6）RTK 平面控制点测量平面坐标转换残差应小于或等于 ±2cm。

（7）测量手簿设置控制点的单次观测的平面收敛精度应小于或等于 ±2cm。

（8）RTK 平面控制点测量流动站观测时应采用三脚架对中、整平，每次观测历元数应大于 20 个，采样间隔 2~5s，各次测量的平面坐标较差应满足小于或等于 ±4cm 要求后取中数作为最终结果。

（9）进行后处理动态测量时，流动站应先在静止状态下观测 10~15min 获得固定解，然后在不丢失初始化状态的前提下进行动态测量。

3. RTK 高程控制点测量

RTK 高程控制点一般与 RTK 平面控制点同步进行，标石可以重合。RTK 高程点控制测量主要技术要求应符合表 6-1-3 规定。

RTK 高程控制点测量主要技术要求 表 6-1-3

等级	大地高中误差	与基准站的距离(km)	观测次数	起算点等级
五等	≤ ±3cm	≤ 5	≥ 3	四等水准及以上

注：1. 大地高中误差是指控制点大地高程相对于最近基准站的误差。

2. 网络 RTK 高程控制测量可不受流动站到基准站距离的限制，但应在网络有效服务范围内。

RTK 控制点高程的测定，是将流动站测得的大地高减去流动站的高程异常获得。流动站的高程异常可以采用数学拟合方法、似大地水准面精化模型内插等获取。当采用数学拟合方法时，拟合的起算点平原地区一般不少于 3 点，拟合的起算点点位应均匀分布于测区四周及中间，间距一般不宜超过 5km，地形起伏较大时，应按测区地形特征适当增加拟合的起算点数。当测区面积较大时，宜采用分区拟合的方法。RTK 高程控制点测量基准站和流动站的技术要求同平面测量。

RTK 高程控制点测量高程异常拟合残差应小于或等于 ±3cm。RTK 高程控制点测量设置高程收敛精度应小于或等于 ±3cm。RTK 高程控制点测量流动站观测时应采用三脚架对中、整平，每次观测历元数应大于 20 个，采样间隔 2~5s，各次测量的高程较差应满足小于或等于 ±4cm 要求后取中数作为最终结果。

当采用似大地水准面精化模型内插测定高程时，似大地水准面模型内符合精度应小于 ±2cm。如果当地某些区域高程异常变化不均匀，拟合精度和似大地水准面模型精度无法满足高程精度要求时，可对 RTK 测量大地高数据进行后处理或用几何水准测量方法进行补充。

(二)数据处理

1. 成果数据处理

RTK 控制测量外业采集的数据应及时进行备份和内外业检查，外业观测记录采用仪器自带内存卡或测量手簿，记录项目及成果输出包括下列内容：

(1)转换参考点的点名(号)、残差、转换参数(参见附录 C)。

(2)基准站点名(号)、天线高、观测时间。

(3)流动站点名(号)、天线高、观测时间。

(4)基准站发送给流动站的基准站地心坐标、地心坐标的增量。

(5)流动站的平面、高程收敛精度。

(6)流动站的地心坐标、平面和高程成果。

(7)测区转换参考点、观测点网图。

2. 检查

用 RTK 技术施测的平面控制点成果应进行 100%的内业检查和不少于总点数 10%的外业检测，外业检测可采用相应等级的卫星定位静态(快速静态)技术测定坐标，全站仪测量边长和角度等方法，高程控制点外业检测可采用相应等级的三角高程、几何水准测量等方法，检测点应均匀分布测区。检测结果应满足表 6-1-4、表 6-1-5 的要求。

RTK 平面控制点检测精度要求　　表 6-1-4

等级	边长校核		角度校核		坐标校核
	测距中误差(mm)	边长较差的相对误差	测角中误差(″)	角度较差限差(″)	坐标较差中误差(cm)
一级	≤±15	≤1/14000	≤±5	14	≤±5
二级	≤±15	≤1/7000	≤±8	20	≤±5
三级	≤±15	≤1/4500	≤±12	30	≤±5

RTK 高程控制点检测精度要求　　表 6-1-5

等　级	检核高差(mm)
五等	$\leqslant 40\sqrt{L}$

注：L 为检测线路长度，以 km 为单位。

二、地形测量

(一)外业测量

RTK 地形测量内容分为图根点测量和碎部点测量，RTK 地形测量主要技术要求应符合表 6-2-1 规定。

RTK 地形测量主要技术要求　　表 6-2-1

等级	图上点位中误差（mm）	高程中误差	与基准站的距离（km）	观测次数	起算点等级
图根点	≤ ±0.1	1/10 基本等高距	≤ 7	≥ 2	平面三级、高程五等以上
碎部点	≤ ±0.5	相应比例尺成图要求	≤ 10	≥ 1	平面图根、高程图根以上

注：1. 点位中误差是指控制点相对于最近基准站的误差。

2. 采用网络 RTK 测量可不受流动站到基准站间距离的限制，但宜在网络覆盖的有效服务范围内。

1. RTK 图根点测量

图根点标志宜采用木桩、铁桩或其他临时标志，必要时可埋设一定数量的标石。RTK 图根点测量时，地心坐标系与地方坐标系的转换关系的获取方法同控制点测量，也可以在测区现场通过点校正的方法获取。

RTK 图根点测量流动站观测时应采用三脚架对中、整平，每次观测历元数应大于 10 个。

平面坐标转换残差应小于或等于图上 ±0.07mm。RTK 图根点测量高程拟合残差应不大于 1/12 等高距。

RTK 图根点测量平面测量两次测量点位较差应小于或等于图上 ±0.1mm，高程测量两次测量高程较差应小于或等于 1/10 等高距，两次结果取中数作为最后成果。

2. RTK 碎部点测量

当测区面积较大，采用分区求解转换参数时，相邻分区应不少于 2 个重合点。RTK 碎部点测量平面坐标转换残差应小于或等于图上 ±0.1mm。RTK 碎部点测量高程拟合残差应小于或等于 1/10 等高距。RTK 碎部点测量流动站观测时可采用固定高度对中杆对中、整平，每次观测历元数应大于 5 个。

连续采集一组地形碎部点数据超过 50 点，应重新进行初始化，并检核一个重合点。当检核点位坐标较差小于或等于图上 0.5mm 时，方可继续测量。

（二）数据处理

RTK 地形测量成果数据处理内容同控制点测量，导出的流动站成果数据在计算机中用相应的成图软件编辑成图。

用 RTK 技术施测的图根点平面成果应进行 100％的内业检查和不少于总点数 10％的外业检测，外业检测采用相应等级的全站仪测量边长和角度等方法进行，其检测点应均匀分布测区。检测结果应满足表 6-2-2 的要求。

RTK 图根点平面检测精度要求　　表 6-2-2

等级	边长校核		角度校核		坐标校核
	测距中误差（mm）	边长较差的相对误差	测角中误差（″）	角度较差限差（″）	图上平面坐标较差（mm）
图根	≤ ±20	≤ 1/3000	≤ ±20	60	≤ ± 0.15

用 RTK 技术施测的图根点高程成果应进行 100％的内业检查和不少于总点数 10％的外业检测，外业检测采用相应等级的三角高程、几何水准测量等方法进行，其检测点应均匀分布测区。检测结果应满足表 6-2-3 的要求。

RTK 图根点高差检测精度要求　　表 6-2-3

等级	高程检核高差（mm）
图根	≤ 1/7 基本等高距

三、水下地形测量

（一）外业测量

早期的水上定位使用光学定位方法， 20 世纪 90 年代初，随着 GPS 动态定位技术的发展，出现了水下地形测量半自动化技术，即使用单频 GPS 以 RTD 作业方式 + 便携机 + 数字式测深仪实现野外实时水深数据采集自动化，结合水尺联测等方法进行水位改正，这种方法一般平面定位精度为 0.75~2m，高程精度为 0.2~0.3m。到了 20 世纪 90 年代中期，随着 GPS RTK 定位技术的出现，在测船上使用双频 GPS 以 RTK 作业方式 + 便携机 + 数字式测深仪实现水下地形数据采集自动化，由于双频 RTK 定位实时高程精度在 2~5cm，取代了水位观测等一些复杂工作。

外业测量前要对野外作业设备进行调试，保证 GPS、便携机、测深仪等能正常作业；进行预设航线；确定 RTK 基准站的位置等准备工作。野外在测船上将测深仪、GPS（流动站）分别与便携机通过传输电缆相连接，做到现场数据（包括水下地形点平面坐标、高程）采集自动化。使用便携机内船只导航软件保证测船在预定航道横断面线上行驶并实时传输 RTK 作业数据，使用测深仪数据实时传输软件同步测量水深。GPS 基准站架设在岸边控制点上。另外，还在码头附近进行水尺观测，以确定海水潮汐变化规律，同时也为 GPS RTK 测量水位提供校核条件。测船上使用 GPS RTK 测量模式按每秒一个观测数据自动记录，同时以每秒一个数据输出 NMEA 格式的导航信息给便携机，供导航软件显示导航图形。测深仪通过测深仪数据实时传输软件以每秒一个测深数据与 GPS 同步自动记录。根据观测点的时间可获得该点对应的水下地形点的高程、平面坐标和实测水深。

（二）数据处理

后处理软件主要包括 5 个基本模块，即船只导航模块、测深仪数据实时传输模块、测深仪数据处理模块、GPS RTK 作业数据与测深仪同时工作数据匹配模块、水下地形点数据内插与接口模块。

船只导航软件的主要功能是在预设测区内能实时显示测船航行状况，保证测船沿预定测线行驶；能提供电子地图的基本功能，如移动、放缩、漫游等；同时将 RTK 野外作业数据储存，它包括观测时间、X 坐标、Y 坐标及高程等。

测深仪数据实时传输软件的主要功能是能同步接收 GPS RTK 作业时间；设置水深采样率；将测深仪野外作业数据储存，它包括观测时间、校验位和实测水深数据等。

测深仪数据处理软件的主要功能是对测深仪野外作业数据文件进行处理，包括水深数据滤除（如气泡、浪花造成的影响）、水深数据平滑和内插等工作，最终生成测深数据文件，该文件包括作业时间（每秒一个）和水深。

由于测深仪的观测时间是通过 GPS 实时传输的，因此，可将 RTK 作业数据与测深仪同时工作数据合并，该文件包括水下地形点的三维坐标和观测时间。最后将这个文件转换为地形图成图软件所需格式，完成水下地形的编绘成图工作。

四、土方测量

土方工程测量就是在施工场地平整前进行土方量测算的测绘工作，测量的目的是计算工程施工区域的土方填（挖）数量。土方数量的测量、计算是建筑工程施工中工程量预算、编制施工组织设计和合理安排施工现场的重要依据。根据施工场地自然地形的不同,常用的测量计算方法有:方格网法、断面法及地形等高线法等;使用水准仪或全站仪;计算方法多为手工计算。应用 RTK 测量技术进行土方工程测量,应用构建 DEM 的方法进行土方量的计算,大大提高了工作效率和土方数量的计算精度。

(一)数据采集

在测区首级控制的基础上,建立 RTK 作业方式系统。在测区中部、对天通视较好、无干扰的地方设置基准站。每个流动站一般只需一人即可进行测量作业,当测区可见卫星数在 5 颗及 5 颗以上、PDOP 值小于 6 时,只需几十秒就可完成初始化得到固定解,对已知点进行检查,确保系统无误后,应用 GPS 电子手簿进行地形数据的自动采集和记录,每点采集记录时间只需 5s。比照大比例尺地形测图采集地形点的要求,在地形平坦场地按照方格网法进行数据采集,在地形复杂的沟、渠、坎、土堆、坑及塘等加密测量特征点,特征点最好高低、上下对应,并在现场绘制草图,以便内业数据处理。

(二)土方计算

1. 原始数据的导入和检查

将外业采集的数据传入计算机,对多组作业的数据进行合并,检查数据,对超限数据及在外业采集时误操作记录的数据进行删除,对点位不能满足计算要求的区域进行补测。

2. 数据预处理

数据检查完整无误后,首先对照草图进行折断线的连线。折断线的作用是在数字地面模型(DTM)生成时,约束测点间的拓扑关系,使测点间的拓扑连线符合现场地面实际形状。在实际操作时,把属性相同的点,如坎上、坎下、沟边、沟底、沟心等分别连成折断线,控制数字地面模型生成,使其最接近地面实际形状。然后依据企业拨地红线或业主的要求,确定需要计算的土方工程区域的内外边界线。

为便于计算和数据管理,将数据如测量三维坐标点、折断线、计算内外边界等进行分层存储。

3. 构建数字地面模型(DTM)

应用 TGO 的 DTMLink 模块或其他地形测量成图软件,选择用于生成 DTM 的点,使用折断线和所要计算的边界,构建测区的模拟数字地面模型(DTM)。图 6-4-1 所示为某企业地块生成后的 DTM 图。

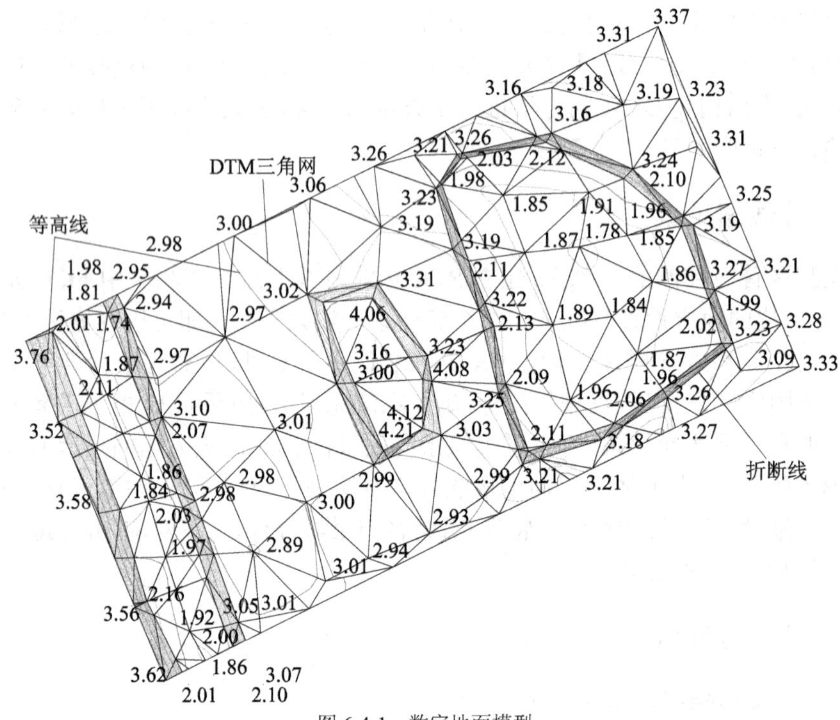

图 6-4-1　数字地面模型

图 6-4-1 中的鱼塘、沟、土堆采用了折断线分割、包围。从等高线可以看出，其构网合理，真实地反映了地面形状。

4. 计算土方数量

在模拟数字地面模型（DTM）的基础上，可根据场地规划设计高程计算土方工程的填（挖）方量，或者为规划设计方提供最佳设计平面。

五、既有铁路测量

目前，在既有铁路勘测设计阶段的测绘工作可分为里程测量、中线测量、中桩高程测量、横断面测绘、水文测绘等几部分工作。里程测量的传统方法主要是采用钢尺丈量，需要人员多、效率低、丈量精度难于提高，且丈量中钢尺的导电性容易干扰线路电路，引发行车事故；中桩高程测量主要采用传统水准测量方法，人员投入多、生产效率低；中线测量（平面测绘）工作一般采用传统的偏角法或全站仪坐标法。近年来，随着 RTK 测量技术不断应用，使采用 RTK 方法同时完成里程测量、中线和高程测量成为可能。

(一)里程测量

1. 钢尺里程丈量主要误差及精度

使用钢尺进行里程丈量的精度受外界环境影响较大，钢尺里程丈量过程中引起的误差主要有以下几方面。

(1)钢尺长度受温度的影响伸长和缩短产生的尺长差。按《改建铁路工程测量规范》(TB 10105—2009)要求，使用前须对钢尺进行检定或与已检定的全站仪进行距离比长。当钢尺相对误差大于尺长的1/10000时，应在量距时进行改正。钢尺的改正方程式为

$$l_t=l+\Delta l_d+\alpha l\ (t-t_0) \tag{6-5-1}$$

式中：l_t——钢尺在温度t时的实际长度；

l——钢尺上所刻的长度，即名义长度；

Δl_d——尺长改正数，即钢尺在温度t_0时的改正数；

α——钢尺的膨胀系数，值为11.6×10^{-6}~12.5×10^{-6}；

t_0——钢尺检定时的温度；

t——钢尺使用时的温度。

因钢卷尺的检定温度在(20±5)℃之间，野外勘测作业温度与鉴定环境下的温度有着较大温差，夏季既有铁路勘察表面温度可达50℃以上的高温。如计算50m钢尺，在温度50℃环境下，温度对钢尺丈量精度的影响。则取$\alpha=12.5\times10^{-6}$，即

$$\Delta l=50000\times12.5\times10^{-6}\times(50-20)=18.75\text{mm}$$

(2)因既有铁路坡度较大，丈量得到的斜距与平距间较差。如图6-5-1所示，设l为量得的斜距，h为距离两端点间的高差，要将l改算成平距d，需加入倾斜改正Δl_h，即

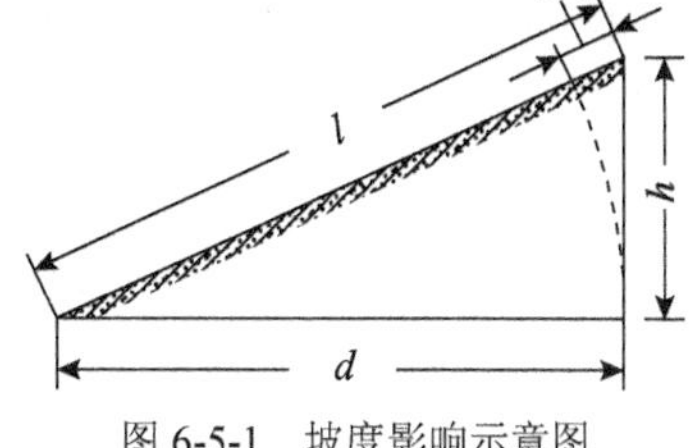

图6-5-1　坡度影响示意图

$$\Delta l_h=d-l=\sqrt{l^2-h^2}-l=l\left[\left(1-\frac{h^2}{l^2}\right)^{1/2}-1\right] \tag{6-5-2}$$

将$\left(1-\frac{h^2}{l^2}\right)^{1/2}$展成级数，由于$h$与$l$之比值小，级数展开后高阶项可略去，则有

$$\Delta l_h=-\frac{h^2}{2l} \tag{6-5-3}$$

根据《铁路线路设计规范》(GB 50090—2006)对坡度设置的要求可知，平原地区限制坡度最大值为0.6%，丘陵地区限制坡度最大值为1.2%，山区限制坡度最

大值可达 1.5%。按 1.2%的线路坡度计算既有线丈量坡度对钢尺丈量长度的影响值为

$$\Delta l_h=-0.6^2/2\times50=-0.0036\text{m}$$

(3)既有铁路丈量因钢尺拉力与标准拉力不等,产生了尺长差。既有铁路因受野外作业条件的限制,通常不使用弹簧秤来控制标准拉力。如果拉力或大、或小不均匀,拉力不等于标准拉力,则钢尺的长度将会发生变化。

(4)既有线钢尺丈量尺子不水平和悬空丈量,都会与标准检定尺长产生误差。因钢尺丈量一链长度为 50m,如果钢尺不水平,则总是使所量距离偏大。

钢尺丈量既有铁路按照《改建铁路工程测量规范》(TB 10105—2009)要求,既有铁路丈量应由两组人员(前链、后链)进行丈量,直线地段按 50m 一链,曲线地段按 20m 整倍数加标。两次丈量精度限差应不超过 1/2000。从钢尺丈量的主要误差分析来看,影响丈量精度因素较多,如遇大风、气温变化较大天气,钢尺丈量精度就很难满足限差要求。加之钢尺有较强导电特性,作业的同时对行车安全也造成了较大的安全隐患。所以,钢尺丈量既有铁路传统作业方法迫切需要一种安全、操作简单且精度高的新作业模式替代。

2.RTK 里程测量方法及精度分析

(1)RTK 野外作业

既有铁路里程测量如图 6-5-2 所示。将基准站架设控制点 GPSB,检查接收机接收的卫星数和基准站设备工作状态是否正常。

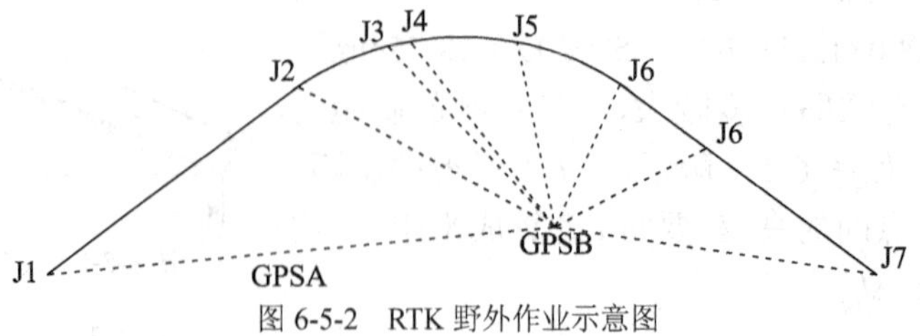

图 6-5-2 RTK 野外作业示意图

流动站作业前应检测 1 个或 2 个已知控制点,来检查和评定其测量精度。满足要求后流动站分别于 J1、J2、J3、…、J7 点测设既有铁路股道中心点,GPS 接收机对所有可视的 GPS 卫星进行连续观测,并将其观测数据通过无线电传输设备实时地发送给流动站。流动站在曲线段范围内 20m 设一测站,直线段站场范围内 50m 设一测站,区间直线段 100m 设一测站。流动站上 GPS 接收机在接收 GPS 卫星信号同时通过无线电接收设备接收基准站传输的观测数据,然后根据相对定位原理,实时地计算并显示流动站的三维坐标及精度。

如图 6-5-3 所示,先测量标定的线路里程起始点坐标,根据实测沿线路前进方

向移动流动站，并对上一测点进行放样，利用仪器显示的偏移放样点的距离反应里程变化，从而可标定当前流动站位置的线路里程。

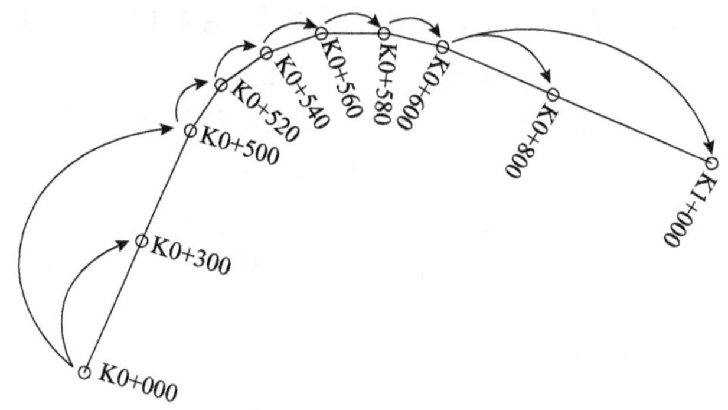

图 6-5-3　里程测量距离反算示意图

当一个基准站的覆盖范围不足以覆盖所需测段时，应根据情况建立新的基准站继续测量。流动站测量结束后，要在现有已知点检验转换参数的正确性，确保测量结果可靠。

（2）RTK 里程测量误差分析

RTK 定位的误差是相互独立的，具有误差不累积的特点，基准站与流动站间的弦长精度指标为$\sigma=\pm\sqrt{a^2+(bd)^2}$，对于同一基准站测量可不考虑起始点的误差和基准站的对点误差。依据规范要求，首级控制网通常按 4km 一对。d 取均值 2km，RTK 仪器标称精度为 ±10mm+2ppm，则

代入数据，得

$$m_\sigma=\pm\sqrt{a^2+(b\,d)^2}$$

$$m_\sigma=\pm\sqrt{10^2+(2\times2)^2}=\pm10.770\text{mm} \tag{6-5-4}$$

根据两个方向相等影响原则 m_x、m_y 的大小相等，在线路方向对距离的影响

$$m_\sigma=\pm\sqrt{{m_x}^2+{m_y}^2} \tag{6-5-5}$$

$$m_x=m_\sigma/\sqrt{2}=\pm7.62\text{mm}$$

即线路方向距离误差为 ±7.62mm。

由于施测各点均使用相同的基准站，故已知点带来的误差可忽略不计。

当 RTK 流动站手持对中杆，圆水准气泡居中对点误差取经验值 m_l =20mm，基准站使用三脚架对中误差 m_j =1mm，即

$$m_p=\pm\sqrt{{m_\sigma}^2+{m_j}^2+{m_l}^2} \tag{6-5-6}$$

$$m_p=\pm22.73\text{mm}$$

式中：m_j——基准站点对中误差；

m_l——流动站对中误差。

两个相等影响原则条件下 m_x、m_y 的大小相等，在线路方向对距离的影响

$$m_x = m_p / \sqrt{2} = \pm 16.08\text{mm}$$

如果流动站采用精度较高的对中装置，可达到 3~5mm 的话，则

$$m_p = \pm 11.92\text{mm}$$

$$m_x = m_p / \sqrt{2} = \pm 8.43\text{mm}$$

从以上分析可知，RTK 既有铁路复测中，影响距离误差主要来源于棱镜杆的对中误差。

（3）RTK 里程测量的精度

由于应用 RTK 里程丈量是用坐标进行反算距离进行，故丈量精度与测量点的数量有关，设测量点数为 n，则测量精度为

$$m_s = m_x / \sqrt{n-1} \tag{6-5-7}$$

测量相对精度为 m_s/S。

按曲线每 20m 测量一个点进行测量精度分析见表 6-5-1。

里程测量距离精度计算 表 6-5-1

序　号	丈量线路长度(m)	测量点数(个)	m_s（mm）	1/（m_s/S）
1	20	2	8.4	2372
2	40	3	11.9	3355
3	80	5	16.9	4745
4	100	6	18.9	5305
5	500	26	42.2	11862
6	1000	51	59.6	16776
7	2000	101	84.3	23725
8	3000	151	103.2	29057
9	4000	201	119.2	33552
10	10000	501	188.5	53050
11	20000	1001	266.6	75024

根据表 6-5-1 可以看出，随着丈量长度的增加，丈量的相对精度也成倍的提高，20m 长度的丈量相对精度达到了 1/2372。500m 的丈量精度达到了 1/10000 以上。实际工作中，既有铁路直线段测量为站场范围 50m 一标记，线路范围为 100m 一标记。根据测量精度的计算公式可得直线段丈量精度应较上表推算的测量相对精度更高。

(4)试验数据对比

为了验证RTK既有铁路复测精度，在某既有铁路复测项目中使用全站仪对RTK里程测量进行了测量对比试验，与RTK坐标反算距离进行了对比工作，RTK坐标反算距离公式如下

$$D=\sqrt{\Delta x^2+\Delta y^2} \tag{6-5-8}$$

对比结果进行统计，情况见表6-5-2。

全站仪测量与RTK坐标反算距离较差统计(单位:mm)　　表6-5-2

误差区间	$\Delta D<20$	(-20~10)	(-10~10)	10~20	$\Delta D>20$	点数共计73个
点数/个	2	12	47	10	2	
百分比	3%	16%	64%	14%	3%	

试验数据中距离较差值ΔD>20mm的有4个，分别为-0.036m、-0.024m、0.024m及0.023m。其余距离较差-0.018~0.016范围内。由统计表绘制柱形图更能够直观地看到试验对比数据集中在-10~10mm之间且呈正态分布。误差分布情况如图6-5-4所示。

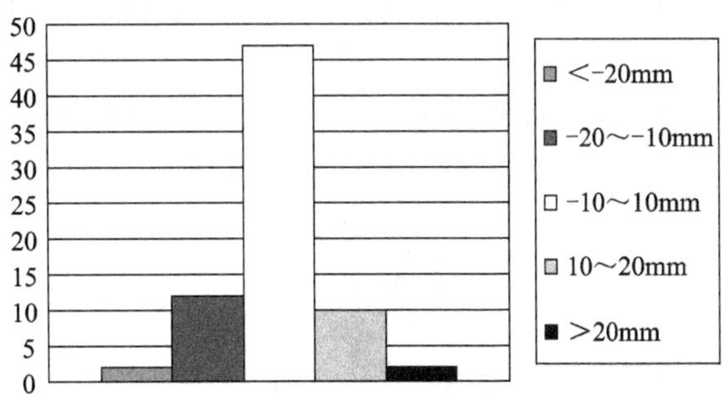

图6-5-4　RTK作业距离误差分布图

通过GPS RTK既有铁路里程测量精度分析和试验数据比较，可以看出使用GPS RTK进行既有铁路复测工作，只要对流动站的对中、整平等环节进行有效的控制，其测量距离精度较常规使用钢尺丈量精度有了较大的提高，满足《改建铁路工程测量规范》(TB 10105—2009)中对距离的精度的要求，同时也为当前铁路大提速安全作业提供了更加有利条件。要使RTK技术在既有铁路测量中得到更好的应用，可以在RTK作业手簿中进一步研究开发既有铁路测量配套内嵌程序。

(二)中线测量

由于受铁路长期行车的影响，可能导致铁路轨道线型及高程发生变化，出现偏

离原设计值或铁路运营安全标准的现象。在铁路修复改造、电气化、增建复线以及线路工务维修等工作中，均需要对既有铁路线路进行周期性的测量工作，以取得线路轨道详细的平面、高程资料。尤其对于铁路曲线段，需要详细完整地测量出轨道线型和高程，曲线段的现状及曲线要素测量较为复杂，一般在曲线段上每 20m 均要测量线路的中心线平面位置（简称平面测量）和轨道顶面高程（中平测量），一般合称为中线测量。

平面测量就是测量线路上某一里程测量点的轨道中心线的平面位置（X，Y）。直线地段两根轨道设计是平行的，标准轨距为 1435mm，中心线为两轨的中心位置。曲线地段两轨间的距离随曲线半径的不同在标准轨距的基础上有不同的加宽。由于轨道内轨有加宽，曲线地段中心线的位置是以曲线外轨为准向内侧法线方向半个设计轨距的位置，目前使用方尺量出外轨测量里程处法线方向的半个轨距，或直接测量外轨。

中平测量是测量线路上某一里程测量点的轨道轨面的海拔高程（H），直线地段两根轨道面的高程是相等的，测量左轨轨面。曲线地段由于曲线半径的不同，在外轨设有不同的超高，在一个曲线上从直缓点至曲中点超高值逐渐增大，从曲中点至缓直点超高值逐渐变小，超高值一般在 0~150mm。曲线地段测量内轨轨面。

在曲线地段平面测量和高程测量按工序可分两次分别进行，也可利用轨道测量对中置平装置（专利号：201310117214.2），使用 RTK 一次测量完成，见图 6-5-5。

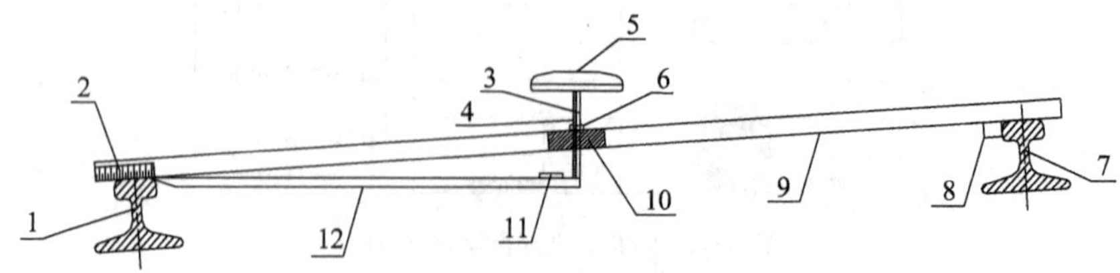

图 6-5-5　轨道测量对中置平装置

1- 轨道内轨；2- 加宽测尺；3- 对中杆；4- 超高测尺；5- 安装座；6- 调平螺旋；7- 轨道外轨；8- 固定尺；9- 横尺；10- 绝缘连接件；11- 管水准器；12- 可调底尺

中线测量和里程测量的数据采集一并完成，工作流程如图 6-5-6 所示。

1. 确定任务范围

根据勘测任务书，确定既有线勘测里程范围，确定坐标系统和高程系统，收集各项基础测绘资料，确定控制网布设方案。

2. 平面和高程控制测量

结合沿线实际情况，沿线路按设计的等级和密度布设 GPS 控制网，基平测量

（线路高程控制测量）的水准点宜与GPS点共用，GPS点宜纳入基平水准路线。

此两项工作应先期开展，以满足后续工作的顺利进行。

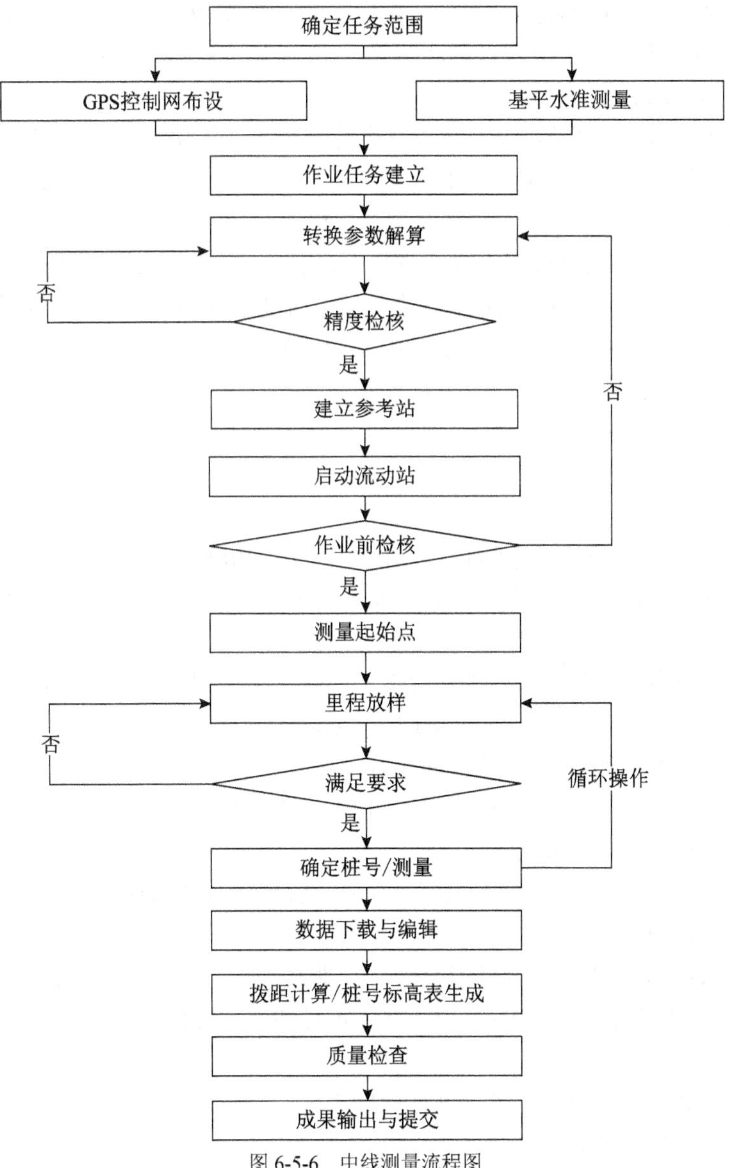

图 6-5-6　中线测量流程图

3. 作业任务建立

划分测区段落，在GPS测量控制器建立测量作业任务。

4. 转换参数解算

按照划分的测区，分别采用适当的控制点进行三维坐标系统转换参数的解算，每个测段平面控制点不得少于 3 个，高程控制点不得少于 4 个，平面、高程残差不应超过 20mm，否则取舍控制点重新结算。

5. 建立基准站

选择地势有利的控制点，架设并启动基准站，选择基准站点时应充分考虑卫星信号的接受和电台信号的传输条件。

6. 启动流动站

将流动站 GPS 天线安置在专用方尺上，连接并启动流动站接收机。

在作业前应实测检核平面、高程控制点，满足检核限差后方可进行作业，否则应检查已知点数据和转换参数解算情况是否正确。

7. 测量起始点

现场标定里程丈量的起始点，确定桩号里程，使用流动站测量起始点的平面坐标和高程。

8. 里程放样

进入放样程序，通过对刚刚测量的起始点进行放样，按照距离偏移量，确定下一个要标定的里程点的位置(直线整百米、曲线整 20m)。

9. 确定桩号、测量

当放样距离偏移值与理论距离之差小于限差要求时，标定桩号，测量平面坐标和高程，否则继续放样程序，直至满足限差要求。

测量平面坐标和高程时，方尺应进行整平。

测量完成后，重新进入放样程序，进行下一点的放样和测量。

10. 数据下载与编辑

测段结束后，将测量数据下载到计算机并编辑成内业软件需要的数据格式。

11. 数据处理

利用测得的桩号和平面坐标数据进行曲线拨距计算，生成曲线表、交点坐标表、曲线拨距计算表等成果表；利用测得的桩号和高程数据生成桩号标高表。

12. 质量检查

用实测坐标反算距离对里程进行检核。

检查桩号标高表的平顺性。

对拨距异常的测点进行分析和复测。

进行实测质量检查。

13. 成果输出与提交

将复核后的测量成果提供下序设计专业使用。

（三）站场基线测量

1. 站场基线及传统测设方法

站场基线是为方便站场平面测绘、车站改建或扩建设计时计算道岔和测量、标定各种建筑物、设备的需要，沿站场主轴线测设的平面控制基准线，测设基线也就是建立基线坐标系、建立站场测量的控制网。基线一般设在对测绘、设计和施工均有利的位置，简单的中间站及其他场、段（所），可利用正线及贯通股道的中心线或两者的外移桩做基线，编组站调车场部分宜以中轴线外移桩为基线。外移桩的外移距离宜采用 2.0~3.0m，并要求相等，应用经纬仪将其穿成直线。基线的类型可根据站场线路的平面形状布设成直线型、折线型和综合型。

在直线车站、道发场、调车场、机务段、车辆段、货场的直线股道间的基线，应布设为直线型，如图 6-5-7 所示，测设完成的 ZD1-ZD2-…-ZD7-ZD8 为直线型站场基线。

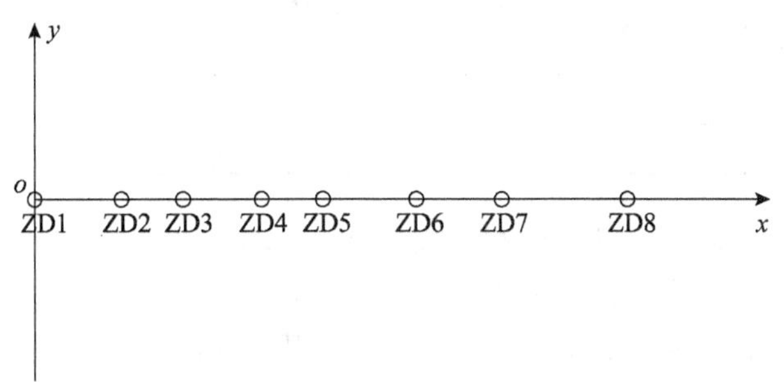

图 6-5-7　直线型站场基线示意图

曲线车站的基线，除道岔区应与正线平行外，一般可布设成折线型。在规模大、建筑物及设备繁多的区段站和编组站等大型车站，可布设为基线与导线结合的综合型基线。折线型和综合型站场基线示意图见图 6-5-8、图 6-5-9。

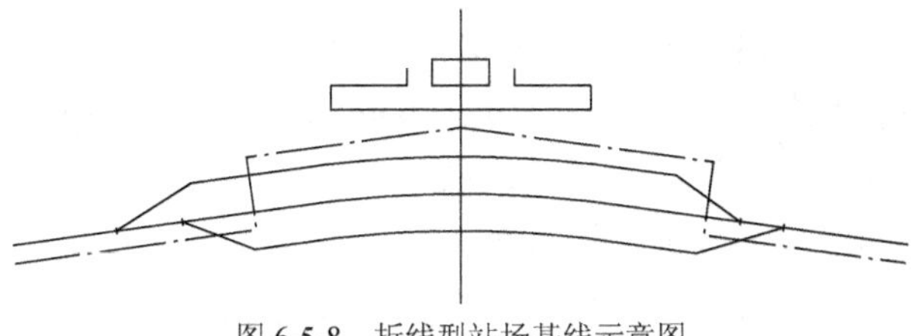

图 6-5-8　折线型站场基线示意图

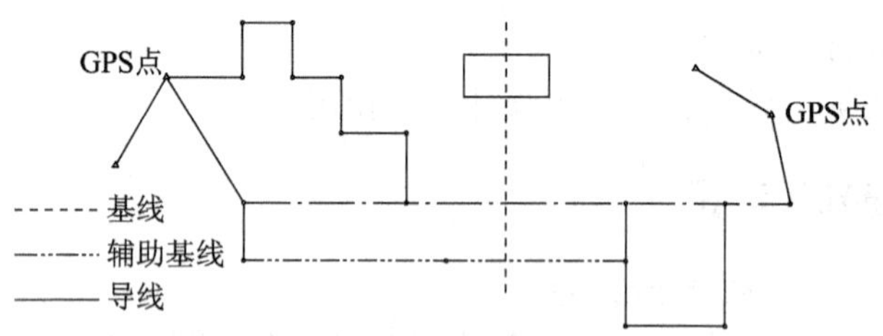

图 6-5-9 综合型站场基线示意图

基线应与既有正线(直线)及直线股道平行,一般采取先按点间距以 100~300m 钉设外移桩,桩点设在方便测绘、便于施工的位置。钉设转点桩时,应正倒镜落点,正倒镜点位横向误差每 100m 不应大于 5mm,最大不应大于 20mm,在限差以内时分中定点,且基线两端与正线左、右偏差不宜超过 10cm。

基线测量应使用不低于 DJ2 级的全站仪观测。水平角观测一个测回,较大区段站、编组站按一级导线、一般车站按二级导线测量精度控制。

基线应与正线或 GPS 控制点联测,闭合方式及平差同普通导线。基线的闭合限差应符合表 6-5-3 的规定。

基线测量精度指标 表 6-5-3

等级	测角中误差(″)	测距相对中误差	方位角闭合差(″)	导线全长相对闭合差
一级	4	1/50000	$\pm 8\sqrt{n}$	1/20000
二级	7.5	1/25000	$\pm 15\sqrt{n}$	1/10000

传统站场基线测设方法虽然测设简单,但点间及与既有线相对关系要求较高,由于一般不能保证既有线现状的直线精度,给测设基线带来了困难,往往有时满足了水平角或横向的误差要求,却又不能满足和既有线的偏差关系。在实际测量过程中需要进行多次点位的调整才能满足要求,且经过反复的调整,会使整体的精度不高,有时为了满足偏差关系而造成直线不直的情况。既有站场的行车一般都比较忙,作业时间有限,这样使基线测量的工作效率低下,一次性测量成功的几率较低,且存在较多的安全隐患。同时,基线采用导线测量的方式,由于转点较多,基线点位的绝对精度偏低。

2. RTK 测量站场基线的精度分析

RTK 测量的点位精度为:平面 10mm+2ppm;高程 20mm+2ppm。

对于站场基线测量来说,一般最长不超过 10km,将基站选在站中心附近,则流动站至基准站点间距离最长也就是 5km,有

$$m_{\mathrm{P}} = \pm\sqrt{10^2 + (2\times 5)^2} = \pm 14.1\mathrm{mm}$$

RTK 测量用于站场基线测量最弱点位精度平面为 $m_P \leqslant \pm 14.1\text{mm}$。

RTK 测量点间距离 S 由两点的坐标反算求得，设有两相邻点 1、2，则由误差传播定律可知两基线点间中误差为

$$m_s^2=m_1^2+m_2^2 \tag{6-5-9}$$

由式(6-5-9)计算得

$$m_s=\sqrt{2}\ m_P=\pm 20\text{mm}$$

从上面的分析来看，RTK 的点位绝对精度较高，而且点位误差不传递，可以很好地控制整个站场测区，但是点间的相对误差比常规全站仪测量的点间相对误差要大一些，但一般站场测量、标定各种建筑物和设备时的点位精度在 ±50mm，可以满足用于站场其他测量的控制要求。

3. RTK 技术进行基线测量的方法

（1）已知控制点资料的准备

既有线测量中一般建立首级 GPS 平面控制网，控制网为铁路四等，可满足基线平面控制的需要。既有线平面坐标系一般为 1954 年北京坐标系，如果仅进行站场范围内的测量工作，也可建立独立的假设坐标系来进行测量。由于运用 RTK 进行测量，要充分考虑坐标系投影变形问题，使 RTK 测量点坐标直接反算的边长与实地量得的边长，在长度上应该相等。由于站场范围一般较小，应将投影变形控制在最小值之内。投影变形的控制可重新建立投影变形较小的独立坐标系，将已有控制点成果进行转换后使用；也可用原坐标系先进行外业测量，然后建立投影变形较小的独立坐标系在内业对测量成果进行坐标转换。

（2）用 RTK 对既有正线进行测量

在首级 GPS 点上或任意假设的点上设置基准站，控制点坐标转换残差控制在 15mm 之内，用流动站对既有正线（直线）及直线股道进行平面测量，测量时对中误差要小于 5mm，测量时间为 5~10s，按中线控制桩点的精度要求进行，不大于 100m 测量一个点。

（3）用既有正线测量数据进行内业模拟设计基线

测量成果即为既有正线（直线），经 RTK 内业数据处理，将合格的成果在 CAD 中将点展出，联机绘制出站场既有正线（直线）图，在图中模拟偏离一定距离（2~3m），设计出基线的位置，并保证基线为一条直线，且在基线每一个点与正线的左、右偏差均不超过 10cm。

（4）用 RTK 进行外业测设基线

根据内业设计的基线位置，在现场再通过 RTK 进行放样测量，按不小于 300m 放设一个基线桩，放样误差控制在 10mm 测量保存其成果，并在桩上钉设小钉标记

位置。

或者每 800~1000m 测设一个点，然后使用全站仪在点间进行加桩，这样既可提高点间的精度，也可以满足基线测设的精度要求。

（5）建立基线坐标系并提交基线控制成果

根据站场设计需要，建立独立平面坐标系统，一般以平行于正线股道的基线为 X 轴，以正线或基线里程定义为 X 值，垂直于 X 轴的方向为 Y 轴。

对测量完成的成果按以上建立独立平面坐标系的原则进行坐标转换，进行形成提交下序的基线控制成果。由于测量时所用坐标系进行了投影变形控制，对于直线型的基线，坐标转换十分简单，其 Y 坐标值为零，将各点坐标反算的距离用原点里程直接进行推算即可得到各点的 X 坐标值。对于非直线型基线，坐标转换也只有加常数和一个旋转角，不用考虑变形缩放问题。

（6）用全站仪进行质量检查

对 RTK 测设完成的基线桩，用全站仪常规测量方法进行质量检查，对水平角及距离进行测量，对不满足常规测量精度要求的可适当进行桩位的调整。

（7）应用实例

在某铁路改建站场基线测量中，其中重车场基线 2.8km，轻车场基线 5.2km。由于站场范围内既有线并不规则，尤其是两端的咽喉区偏差较大，基线较长。应用上述 GPS RTK 测量方法进行了基线测设。测设完成后，使用全站仪对所放的基线转点桩进行角度、距离测量并联测 GPS，水平角较差均小于 15″，距离较差小于 20mm，均满足一级导线的要求。联测 GPS 后，角度闭合差满足一级导线的要求，导线全长相对闭合差均超过了 1/40000，满足基线测量精度的要求。

应用 RTK 进行站场基线测量，省去了常规测量时联测控制点用于闭合计算，省去了先测设外移桩，避免了因正线不直而引起对基线桩的反复调整，可保证一次性成功，提高了工作效率，提高了绝对测量精度，也可保证相对精度，满足站场测量的要求。但是对既在控制点数据要求较高，点间的相对精度不如常规测量，RTK 数据处理、坐标系的建立及坐标转换较为复杂，对测量人员提出了较高的要求。

（四）站场极坐标测量

站场极坐标测量是对铁路站场范围内的道岔、到发线、信号机、警冲标、灯塔、站台等设备和构筑物进行的坐标测量。对于大型站场枢纽，多条铁路的交汇，面积大、地物多，车站行车及工务作业频繁。极坐标测量基于站场基线进行，工作量很大，利用传统的全站仪进行测量，受站内建筑物、列车占道等外部条件影响通视，需要等待列车开行离开或频繁转点，测量难度大，工作效率较低。利用 RTK 进行站场极坐标测量，流动站与基准站之间的联系是建立在无线电波的基础上的，作业区域内的站点不受通视条件限制，且可多流动站进行极坐标点采集，不需要进行转点，从而消除了转点的累计误差，保证了测量的精度，提高了作业效率。RTK 作业过程如下。

1. 建立站场平面坐标系统

站场基线如图 6-5-5 所示，测设完成的 ZD1-ZD2-…-ZD7-ZD8 为站场基线。根据站场设计需要，建立独立平面坐标系统，一般以平行于正线股道的基线为 X 轴，以正线或基线里程定义为 X 值，垂直于 X 轴的方向为 Y 轴。

2. 坐标转换参数求解

RTK 实测的坐标是 WGS84 坐标，而工程所需要的是地方坐标，这两个坐标系统的基准是不一样的，如图 6-5-10 所示，因此必须有一个坐标转换过程，即要解出这两个坐标系统的转换参数，然后把 WGS84 坐标转换成工程需要的地方坐标。

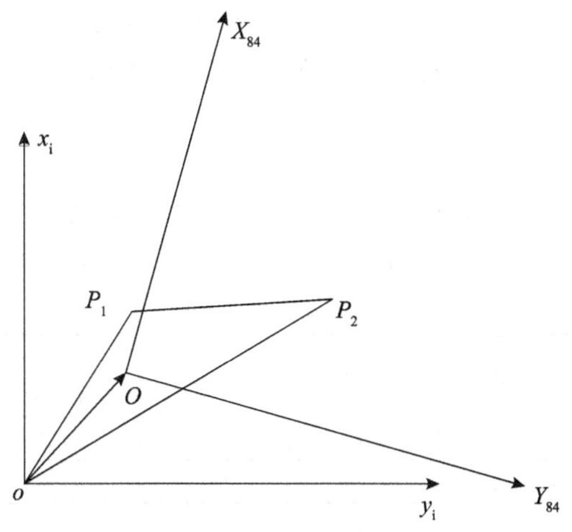

图 6-5-10　站场坐标系转换示意图

RTK 站场极坐标测量：利用已知基线控制点的平面坐标，直接在控制点上进行 GPS 快速静态测量或者 RTK 测量得到 WGS84 坐标，现场解算出两套坐标转换参数，然后利用 RTK 直接进行点的测量。采用二维坐标（四参数）相似变换解算参数。

首先，选择求解坐标转换参数的基线控制点，这些点应包围作业测区，并均匀分布，由于站场极坐标测量的测区为站场范围内，一般在基线两侧，偏离基线横向距离较近，如选择基线控制点 ZD1、ZD8。对这些点进行 GPS 静态或快速测量，然后求解出控制点的 WGS84 坐标。利用控制点平面坐标和共有的 WGS84 坐标解算出站场独立坐标系与 WGS84 坐标系的转换参数。求出任意测量点在站场独立坐标系中的坐标。

3. 建立极坐标测量属性代码库

在 RTK 采集手簿中建立极坐标测量属性代码库，以备在外业测量时选用，主要代码有：

DC——道岔；JD——交点；XG——高柱信号机；XA——矮柱信号机；

CD——车挡；FJ——房角；JJ——警冲标；DT——灯塔。

如道岔的编码规则如下：

DC××——×× 是道岔编号。

复式交分道岔的编号规则 DCXX-XX，XX-XX 为复式交分编号。

道岔必须包括：道岔编号、道岔号数及道岔千克数，可在点属性里进行描述。

4. 外业测量

作业前必须对已知站场基线点进行检核，对比坐标，应符合限差要求，确保系统正常。检核无误后，按站场极坐标测量要求对站场内建筑物及设备进行平面测量，测量时间宜为 5~10s。点名按流水顺序号进行，每次测量时要选择属性代码库的代码，标识建筑物及设备类型。

5. 数据处理

测量完毕后，利用 GPS 随机软件进行数据处理，剔除其中不合格数据。可直接导出站场极坐标测量成果，十分简便，见表 6-5-4。

站场极坐标成果格式 表 6-5-4

序号	点号	X（m）	Y（m）	代码	属性 1（道岔号数）	属性 2（道岔千克数）
1	15	845912.00	9.29	DC	9	60
2	24	847916.24	12.69	DC	9	60

在《改建铁路工程测量规范》（TB 10105—2009）中规定，在铁路测量中的交点、控制桩点位误差不超过 ±5cm，由 RTK 测量精度可知，使用 GPS RTK 测量站场极坐标可以满足测量精度的需要。应用 RTK 技术进行既有站场极坐标测量，不仅提高了工作效率，减少了人员投入，降低了成本，而且可以确保成果的精确性和可靠性。随着铁路跨越式发展的需要，大型站场枢纽测量会越来越多，相信 RTK 在站场极坐标测量中将会得到越来越多的应用。但是必须充分了解掌握 RTK 的测量条件和方法，如站场内建筑物较多，对于不满足 RTK 测量条件、建筑物或密集树木下遮挡等禁止使用 RTK 测量。

第七章 RTK线路放样

一、线路设计

（一）曲线要素计算

1. 单圆曲线

单圆曲线是一段具有一定半径的圆弧连接两相邻的直线，是最简单的一种连接形式，主要是用于铁路专用线和低等级公路。

（1）圆曲线主点名称

主点测设前应进行必要的计算，包括要素计算、主点里程推算。圆曲线主点有三个点，按线路前进方向冠名，如图 7-1-1 所示。

图中：

直圆点（ZY）——从直线进入圆曲线的分界点。

曲中点（QZ）——圆曲线中点。

圆直点（YZ）——从圆曲线进入直线的分界点。

交点（JD）——两直线的相交点。

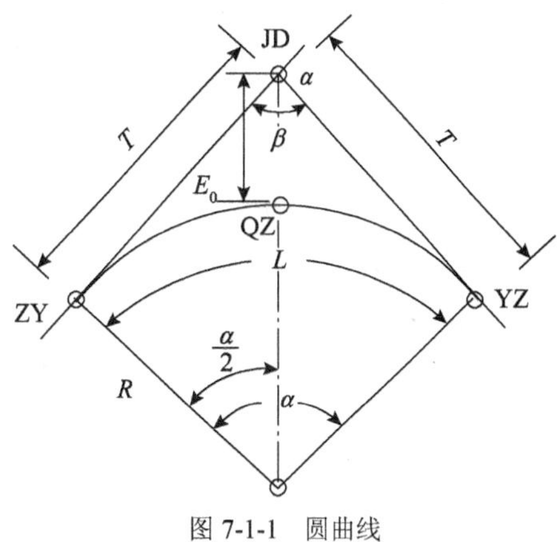

图 7-1-1 圆曲线

以上 ZY、QZ、YZ 三点是确定圆曲线位置的主要控制点，称为主点。

（2）圆曲线要素计算

圆曲线要素包括：

切线长——直圆点（或圆直点）至交点的距离，用 T 表示。

曲线长——直圆点至圆直点的曲线长，用 L 表示。

外矢距（外距）——交点至曲中点的距离，用 E_0 表示。

切曲差（超距）——两切线之和与曲线长之差，用 q 表示。

其中，切线长 T、曲线长 L 和外矢距 E_0 用于主点测设和主点里程计算，切曲差

q 用于计算里程时的校核。

切线长 $$T = R\tan\frac{\alpha}{2} \tag{7-1-1}$$

曲线长 $$L = R\alpha \cdot \frac{\pi}{180^\circ} \tag{7-1-2}$$

外矢距 $$E_0 = R(\sec\frac{\alpha}{2} - 1) \tag{7-1-3}$$

切曲差 $$q=2T-L \tag{7-1-4}$$

式中：α——转向角，线路前进方向的每个交点处，前视方向线偏离后视方向之延长线的转折角，α 角值是勘测设计阶段外业观测获得的。按线路前进方向，转向角分为左转和右转，表示为 $\alpha_{左}$或 α_z、$\alpha_{右}$或 α_y；

R——圆曲线半径，是设计已知值。

（3）主点里程计算

主点里程是根据交点里程和圆曲线要素推算而得的。

铁路习惯推算方法

$$ZY\ 里程 = JD\ 里程 - T$$

$$QZ\ 里程 = ZY\ 里程 + \frac{L}{2}$$

$$YZ\ 里程 = QZ\ 里程 + \frac{L}{2}$$

校核计算 $$YZ=ZY+2T-q$$

公路习惯推算方法

$$ZY\ 里程 = JD\ 里程 - T$$

$$YZ\ 里程 = ZY\ 里程 + L$$

$$QZ\ 里程 = YZ\ 里程 - \frac{L}{2}$$

校核计算 $$JD=QZ+\frac{q}{2}$$

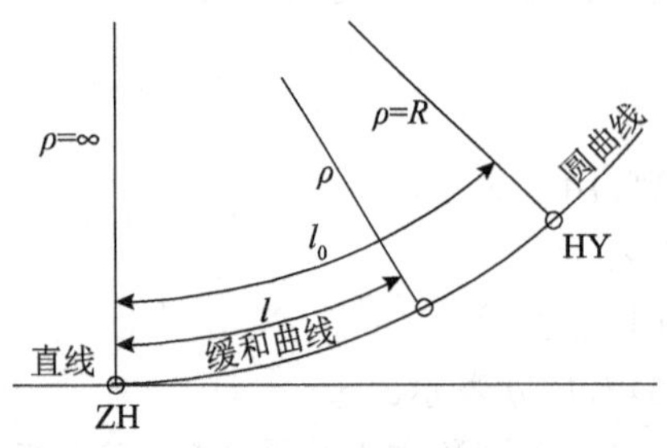

图 7-1-2　缓和曲线

2. 带有缓和曲线的综合曲线

缓和曲线是在直线和圆曲线间插入的一段曲率半径由无穷大渐变至圆曲线半径的过渡曲线。设置缓和曲线的主要目的是使铁路外轨超高、公路弯道超高、轨道加宽且曲线方向逐渐变化。

（1）缓和曲线的性质

如图 7-1-2 所示，缓和曲线连接直线和圆曲线，它与直线相切的切点处，半径为无穷大（$\rho=\infty$），随着曲线长度的逐渐增长，其曲率半径ρ逐渐减小，直到和圆曲线相接处的半径为圆曲线的半径。缓和曲线具有的特性是，曲线上任一点的曲率半径ρ与该点至起点的曲线长l成反比，即

$$\rho=\frac{c}{l} \tag{7-1-5}$$

式中：c——缓和曲线半径变更率，是一个常数；

l——缓和曲线上任意点至缓和曲线起点的曲线长。

在与圆曲线相接处，$l=l_0$，ρ等于圆曲线半径R，则

$$c=Rl_0 \tag{7-1-6}$$

式中：l_0——缓和曲线总长。

具有上述特性，可作为缓和曲线的线形有多种，我国公路、铁路多采用回旋曲线（辐射螺旋线）。

（2）缓和曲线方程式

辐射螺旋线方程为

$$x=l-\frac{l^5}{40R^2l_0^2} \tag{7-1-7}$$

$$y=\frac{l^3}{6Rl_0} \tag{7-1-8}$$

式中：x、y——缓和曲线任意点的坐标；

R——设计半径；

l——缓和曲线上任意点至缓和曲线起点的曲线长；

l_0——缓和曲线总长。

（3）加缓和曲线后曲线的变化

在两端切线一定的情况下，若在圆曲线两端插入缓和曲线，圆曲线应内移一段距离，才能使缓和曲线与直线衔接。圆曲线内移的方法有两种：一是半径不变，将圆心沿着圆心角的平分线内移一段距离；二是圆心不动，缩短半径，将圆曲线内移一段距离。我国铁路、公路多数情况下是采用第一种方法。如图7-1-3所示，将圆心从o_1移至o_2，原来的圆曲线向内移动距离p，称为内移距。

插入缓和曲线后，圆曲线两端有一段弧长被缓和曲线所代替，圆曲线比原来缩短了，而整个曲线增长了。插入缓和曲线后，主点有5个，按线路前进方向，各主点名称依次为直缓点（ZH）、缓圆点（HY）、曲中点（QZ）、圆缓点（YH）、缓直点（HZ），常称五大桩。ZH → HY段称为第一缓和曲线，HZ → YH段称为第二缓和曲线。

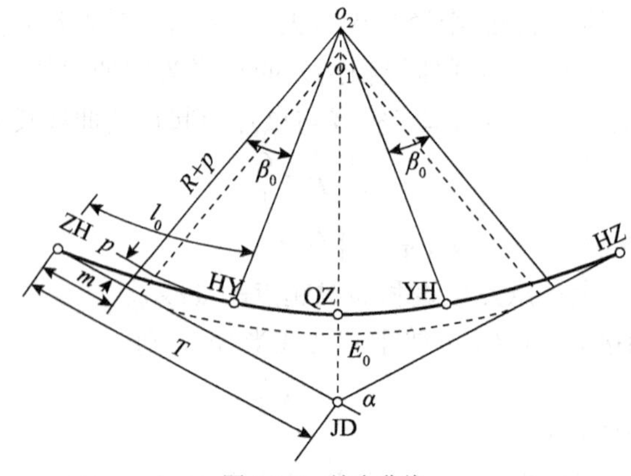

图 7-1-3　综合曲线

直缓点——直线与缓和曲线的连接点。

缓圆点——缓和曲线与圆曲线的连接点。

曲中点——曲线中点。

圆缓点——圆曲线与缓和曲线的连接点。

缓直点——缓和曲线与直线的连接点。

(4)缓和曲线常数计算

曲线要素计算前,应进行必要的常数计算。缓和曲线的常数包括:缓和曲线切线角 β_0、切垂距 m、内移距 p。

缓和曲线切线角——过 HY(或 YH)点的切线与 ZH(或 HZ)点的切线组成的角。即圆曲线被缓和曲线所代替的那一段弧长对应的圆心角。

切垂距——由圆心 o_2 向切线作垂线的垂足到缓和曲线起点的距离。

内移距——加缓和曲线后,圆曲线相对于切线的内移量。

缓和曲线常数按下式计算

$$\beta_0=\frac{l_0}{2R}\cdot\frac{180^\circ}{\pi} \tag{7-1-9}$$

$$m=\frac{l_0}{2}-\frac{l_0^3}{240R^2} \tag{7-1-10}$$

$$p=\frac{l_0^2}{24R} \tag{7-1-11}$$

(5)缓和曲线要素计算

缓和曲线要素包括:切线长 T、曲线总长 L、外矢距 E_0、切曲差 q。各曲线要素按下式计算

$$T=(R+p)\tan\frac{\alpha}{2}+m \tag{7-1-12}$$

$$L=2l_0+L'=2l_0+\frac{\pi R\times(\alpha-2\beta_0)}{180^\circ} \tag{7-1-13}$$

$$E_0=(R+p)\sec\frac{\alpha}{2}-R \tag{7-1-14}$$

$$q=2T-L \tag{7-1-15}$$

式中：L'——HY 点至 YH 点的曲线长。

（6）主点里程计算

主点里程根据交点里程和缓和曲线要素进行推算。

铁路习惯推算方法

$$\text{ZH 里程}=\text{JD 里程}-T$$

$$\text{HY 里程}=\text{ZH 里程}+l_0$$

$$\text{QZ 里程}=\text{HY 里程}+\frac{L}{2}-l_0$$

$$\text{YH 里程}=\text{QZ 里程}+\frac{L}{2}-l_0$$

$$\text{HZ 里程}=\text{YH 里程}+l_0$$

校核计算　$\text{HZ}=\text{ZH}+2T-q$

公路习惯推算方法

$$\text{ZH 里程}=\text{JD 里程}-T$$

$$\text{HY 里程}=\text{ZH 里程}+l_0$$

$$\text{YH 里程}=\text{HY 里程}+L-2l_0$$

$$\text{HZ 里程}=\text{YH 里程}+l_0$$

$$\text{QZ 里程}=\text{HZ 里程}-\frac{L}{2}$$

校核计算　$\text{JD}=\text{QZ}+\frac{q}{2}$

（二）放样道路设计

放样道路设计前，需要接收上序设计方提供的线路有关技术资料，主要包括：线路设计的曲、直线要素表；起终点坐标；交点坐标；断链表；设计方提出的特殊的放样要求等。

根据不同 GPS 接收机的随机软件，可在计算机上或接收机电子手簿上进行放样道路测量设计。在放样道路测量设计中曲线要素输入时，根据不同软件注意以下几项输入应正确选择。

(1)缓和曲线定义类型。

(2)左、右偏角的输入方式。

(3)圆曲线及缓和曲线输入方式。

(4)桩号里程的格式定义。

(5)其他特殊定义的输入方式等。

输入完成后,输出道路逐桩坐标,并应进行复核检查,检查无误后提交外业进行测量。对于投影变形较大的区域,或同既有线、非极坐标放线方法结合时,要统一坐标系统和放样资料标准后进行。

下面以天宝(Trimble)为例介绍如下。

1. GPS 测量控制器道路设计

设计道路由道路的起点、终点和直线、圆曲线以及缓和曲线组成。定义道路时,给定道路的起点后,依次输入决定线段的要素,各线段首尾相连形成道路。

打开 Trimble Survey Controller 软件,[键入]→[道路]→[名称:(输入道路名称,如 DL5)]→[水平定线]→[F1 新建],见图 7-1-4、图 7-1-5。

图 7-1-4 输入道路名称

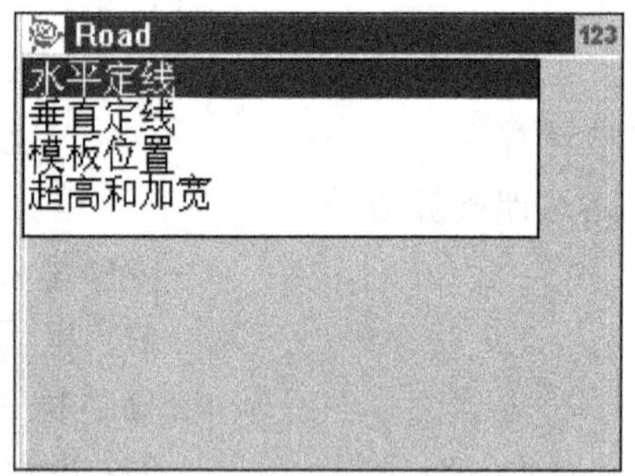

图 7-1-5 水平定线

定义道路一般都是[水平定线],新建要素,输入道路的起点坐标。如果道路的紧接为直线,应先选择相应元素类型,然后输入直线的方位角和长度,程序自动计算直线的结束坐标,见图 7-1-6、图 7-1-7。

[水平元素]

元素: 起始点

起始桩号: 0+000.000m

方法: 键入坐标——起始北:输入起始点北坐标

起始东:输入起始点东坐标

选择点——输入点名称或列表选择终点

→ F1 列表选择

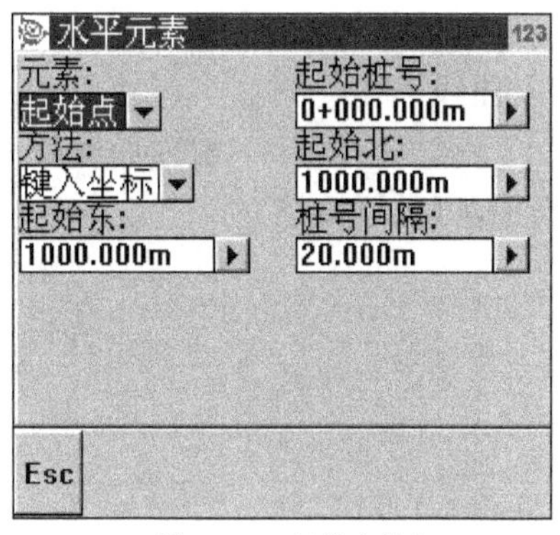

图 7-1-6　起始点输入

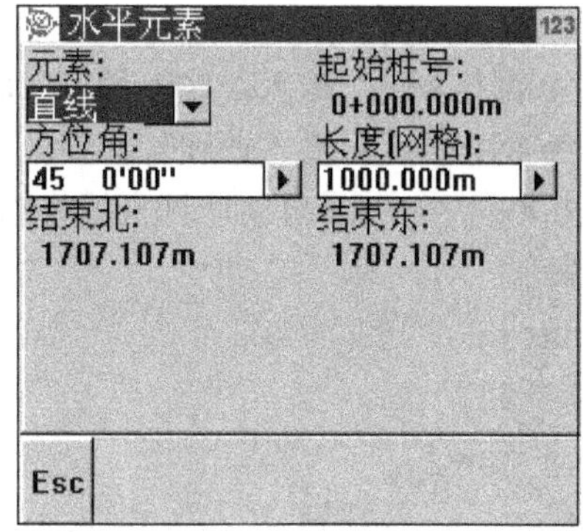

图 7-1-7　输入直线

桩号间隔:　　　　（输入间隔，如 20m）

[Enter]

[F1 新建]

[水平元素]

元素:　　　　　　直线

起始桩号:　　　　0+000.000m

方法:　　　　　　方位角和长度:　　输入方位角、直线长度（自动计算直线终点坐标，可进行检核）

　　　　　　　　　方位角和结束桩号:　输入方位角、结束桩号里程

　　　　　　　　　结束坐标:　　　　输入直线结束点坐标

　　　　　　　　　选择终点:　　　　输入点名称或列表选择终点 → F1 列表选择

[Enter]

其中，定义圆曲线时有 5 种方法可采用（见图 7-1-8）：半径和长度、半径和结束桩号、角度变化量和半径、偏转角和长度、偏转角和结束桩号；定义缓和曲线时，应把缓和曲线分成三部分：入螺旋线、圆曲线（弧段）、出螺旋线。

[F1 新建]

[水平元素]

元素:　　　　　　弧段（圆曲线）

起始桩号:　　　　（ZY 点里程）

起始方位角:　　　（入切线方位角）

方法:　　　　[半径和长度]　　[偏角和半径]　　[偏角和长度]

曲线方向:　　　选择左或右　　　选择左或右　　　选择左或右

角度：　　　　　—　　　　　输入偏角　　　　　输入偏角

半径(网格)：　输入曲线半径　　输入曲线半径　　　—

长度(网格)：　输入曲线长　　　　—　　　　　输入曲线长

结束北：　　　(自动计算直线终点坐标，可进行检核)

结束东：

[Enter]

[F1 新建]

[水平元素]

元素：　　　入螺旋线(入缓和曲线)(见图 7-1-9)

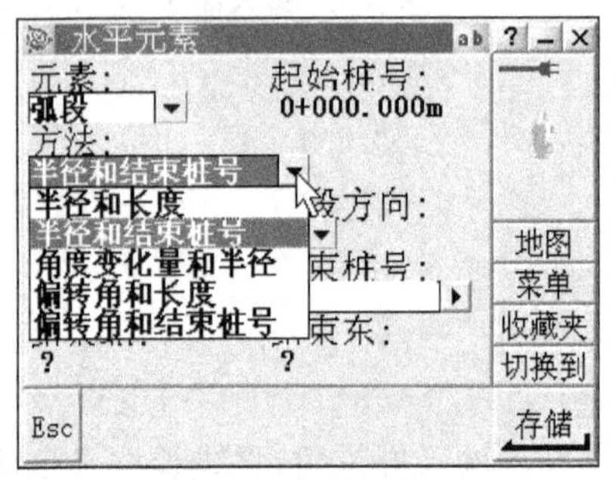

图 7-1-8　输入曲线

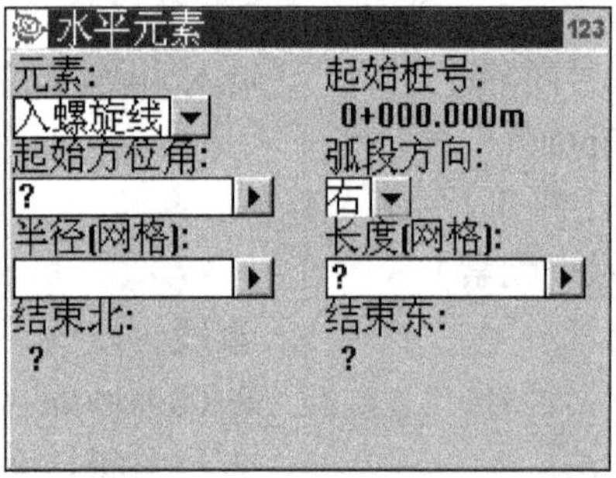

图 7-1-9　输入入缓和曲线

起始桩号：　　　　(ZH 点里程)

起始方位角：　　　(入切线方位角)

曲线方向：　　　　选择左或右

半径(网格)：　　　输入圆曲线半径

长度(网格)：　　　输入缓和曲线长

结束北：　　　　　(自动计算直线终点坐标，可进行检核)

结束东：

[Enter]

[F1 新建]

[水平元素]

元素：　　　　　　弧段(圆曲线)

起始桩号：　　　　(HY 点里程)

起始方位角：　　　(圆曲线入切线方位角)

方法：　　　　　[半径和长度][偏角和半径][偏角和长度]

曲线方向：　　　　(左或右)　　　　(左或右)　　　　(左或右)

角度：	—	输入偏角	输入偏角
半径(网格)：	圆曲线半径	圆曲线半径	—
长度(网格)：	输入圆曲线长	—	输入圆曲线长

结束北：　　（自动计算直线终点坐标，可进行检核）

结束东：

[Enter]

[F1 新建]

[水平元素]

元素：　出螺旋线(出缓和曲线)(见图 7-1-10)

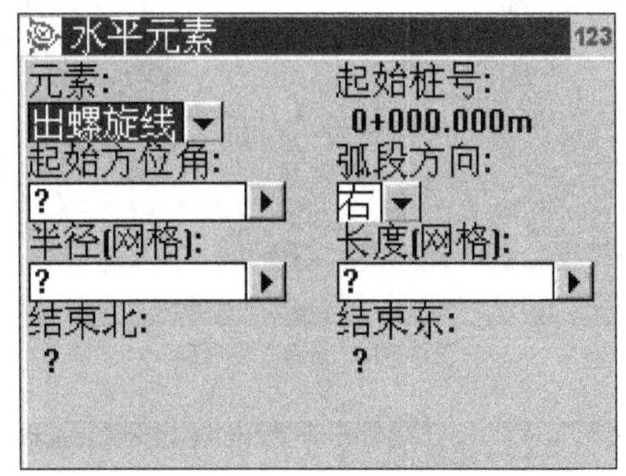

图 7-1-10　输入出缓和曲线

起始桩号：　（YH 点里程）

起始方位角：（圆曲线入切线方位角）

曲线方向：　（左或右）

半径(网格)：　（圆曲线半径）

长度(网格)：　输入缓和曲线长

结束北：　（自动计算直线终点坐标，可进行检核）

结束东：

[Enter]

（完成水平定线输入后）[F4 接受]→[储存]

2. 商用软件 TGO RoadLink 道路设计

启动 TGO 后，选择 RoadLink 模板，新建工程项目，见图 7-1-11。

项目属性选择默认，确定。在菜单[工具]中选择[RoadLink]→[开始]进入 RoadLink 设计模块，在菜单[文件]中选择[新建道路]，输入道路名称及起始桩号里程,确认。见图 7-1-12,图 7-1-13。

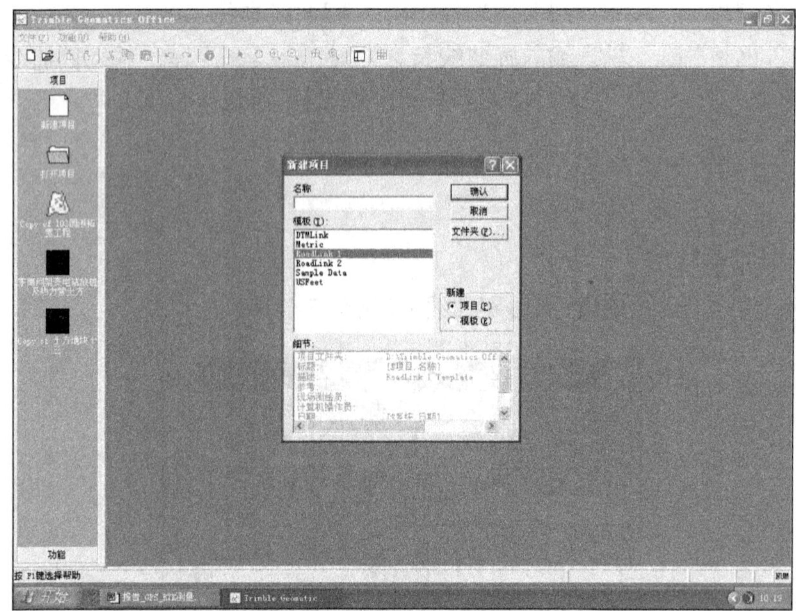

图 7-1-11　新建工程项目

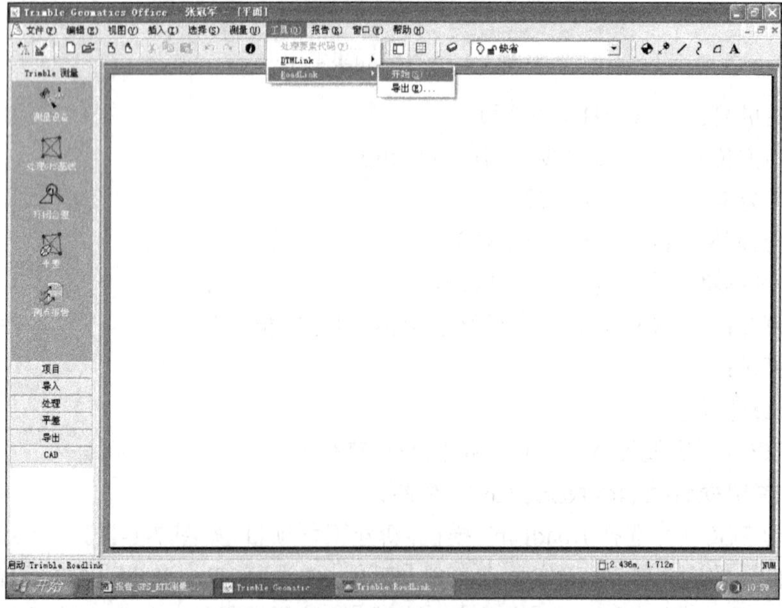

图 7-1-12　RoadLink 设计模块

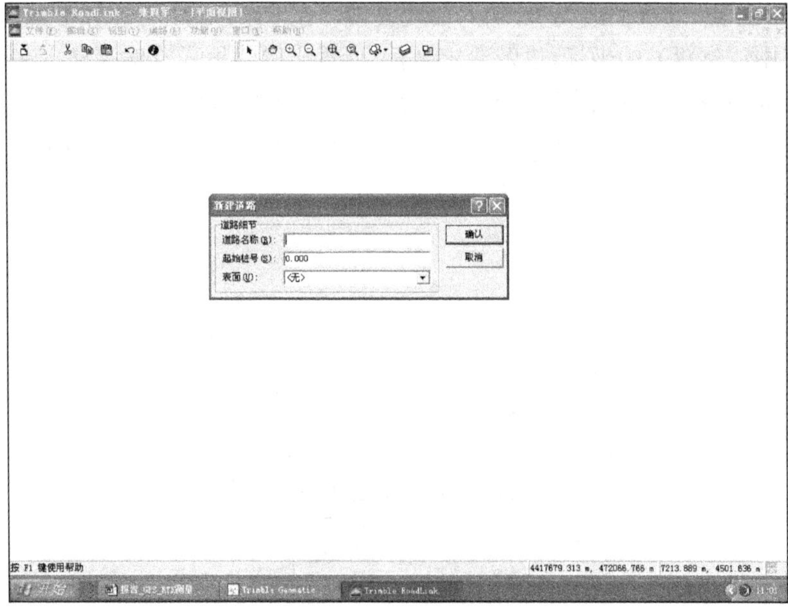

图 7-1-13　新建道路

在菜单[道路]→[水平]中，选择 PI 标签，输入 PI 点(起终点、交点)坐标，使用[编辑 PIS]可查看校核和编辑各点坐标。见图 7-1-14。

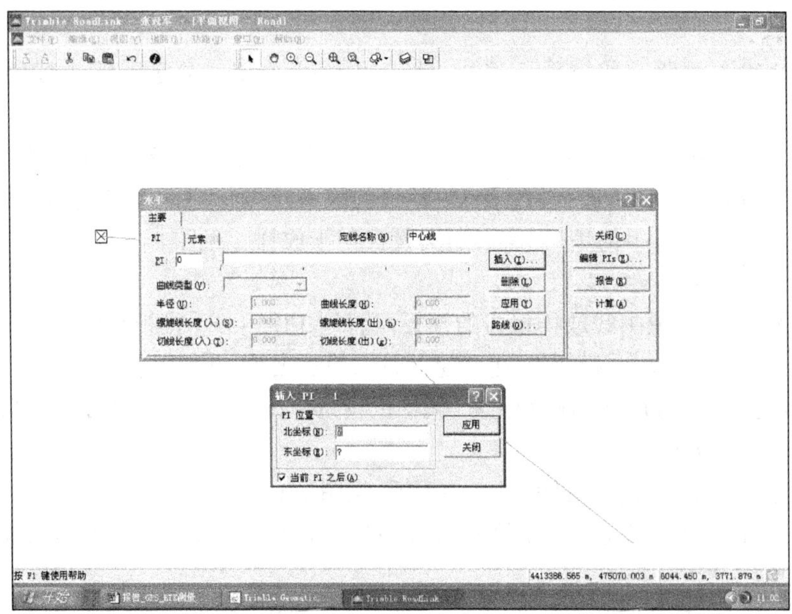

图 7-1-14　输入曲线要素

选择 PI 点,选择曲线类型,输入曲线要素。在［计算］中可计算中线任意里程(或偏移中线位置)的坐标,以及给定坐标,计算出中线里程及偏移量。在［报告］中,可生成线路水平定线详细资料,便于检核。见图 7-1-15。

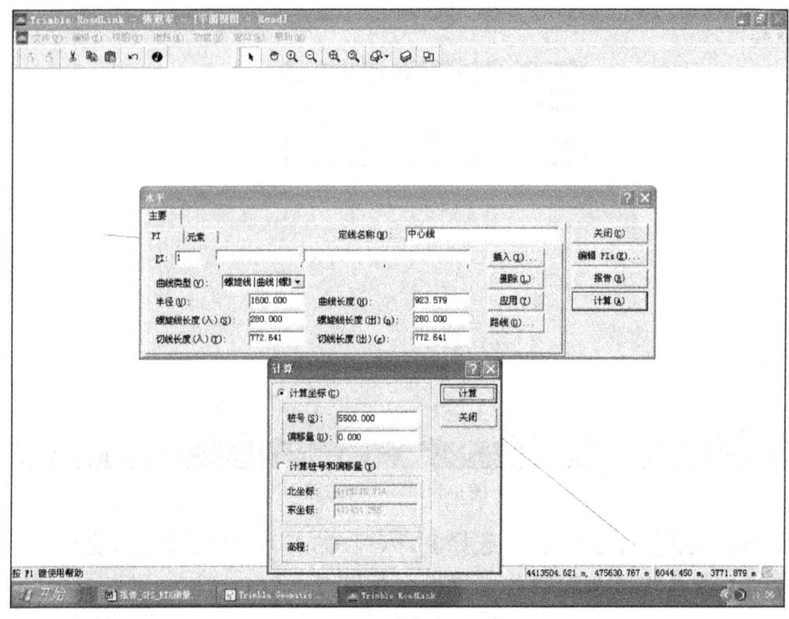

图 7-1-15　计算桩号和偏移量

确认输入线路定线资料无误后,［应用］→［关闭］,显示线路中线图。见图 7-1-16。

道路导出到测量设备:在菜单［文件］中选择［导出］,选择道路定义到 Trimble Survey Controller 文件,选择［配置］中适合的版本,［确认］即可形成 .dc 文件。然后传输至 GPS 测量手簿里,即完成道路设计用于放样。见图 7-1-17。

3. 放样报告的生成

首先,建立生成中线放样报告的模板,选择［功能］→［模板编辑器］,［库］→［新建］,输入库名称,［模板］→［新建］,输入模板名称,［路基］→［新建］,其中元素类型为设计线,坡度或高程变化量、偏移量设为零,输入代码,如“ZX”。［应用］→［确认］。见图 7-1-18。

［道路］→［模板］,选择所建立的模板,见图 7-1-19。

确认后,选择［道路］→［放样］,选中代码,确认生成逐桩坐标放样报告,见图 7-1-20。

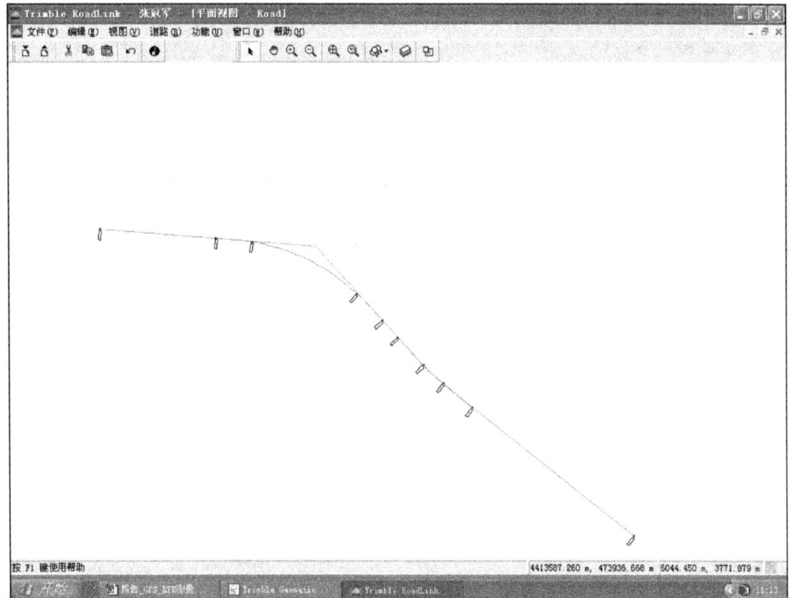

图 7-1-16　显示线路中线图

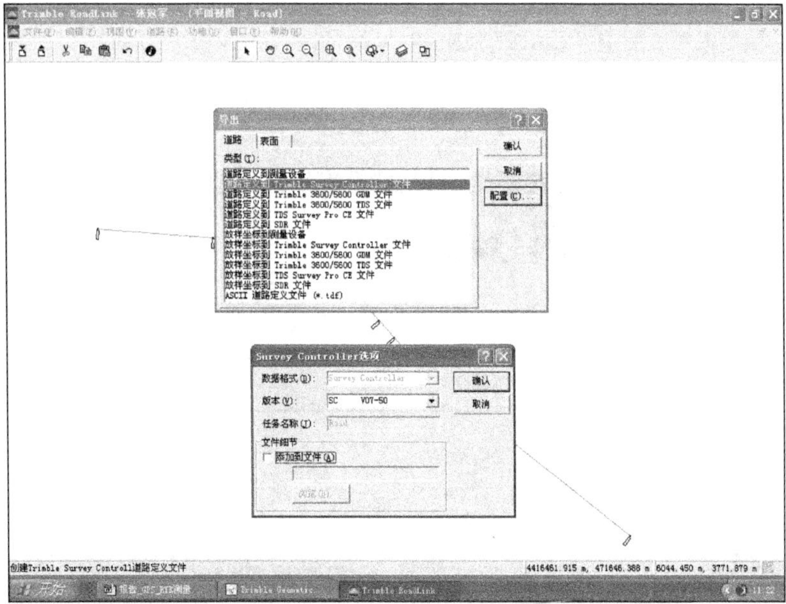

图 7-1-17　导出外业文件

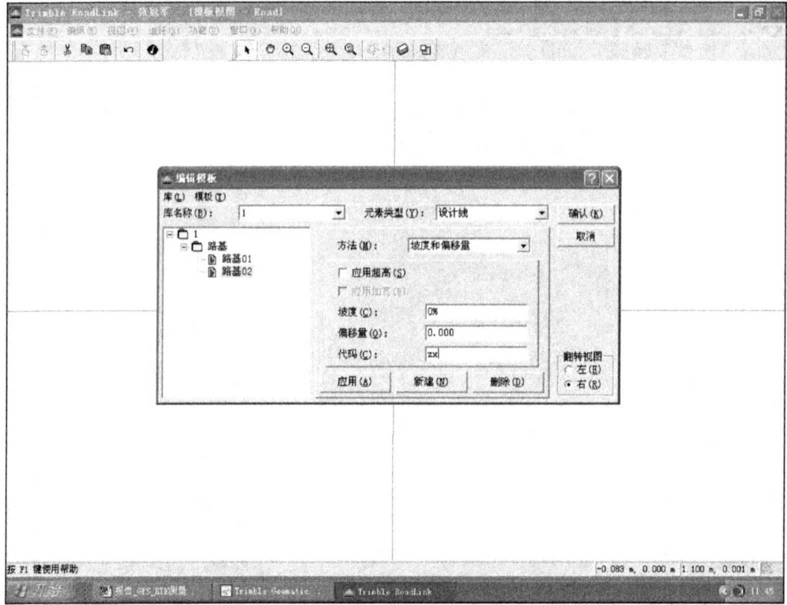

图 7-1-18 建立中线放样报告的模板

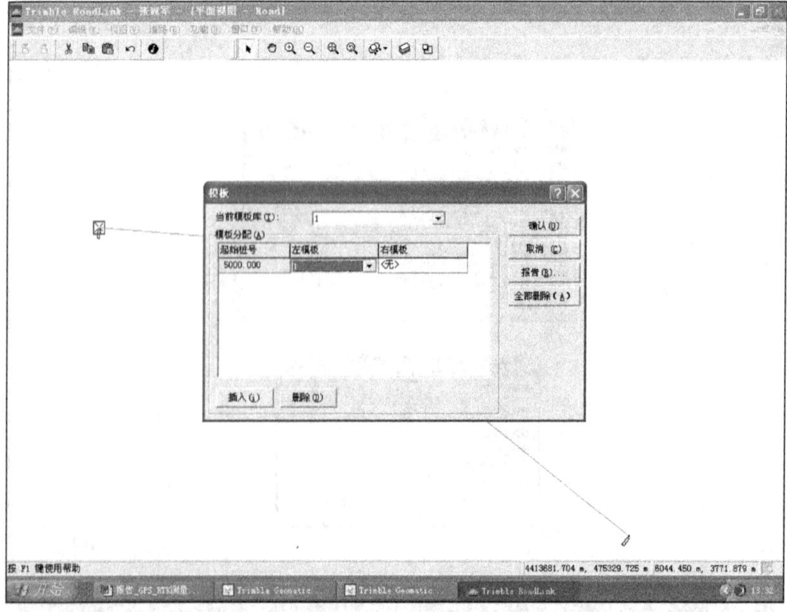

图 7-1-19 选择模板

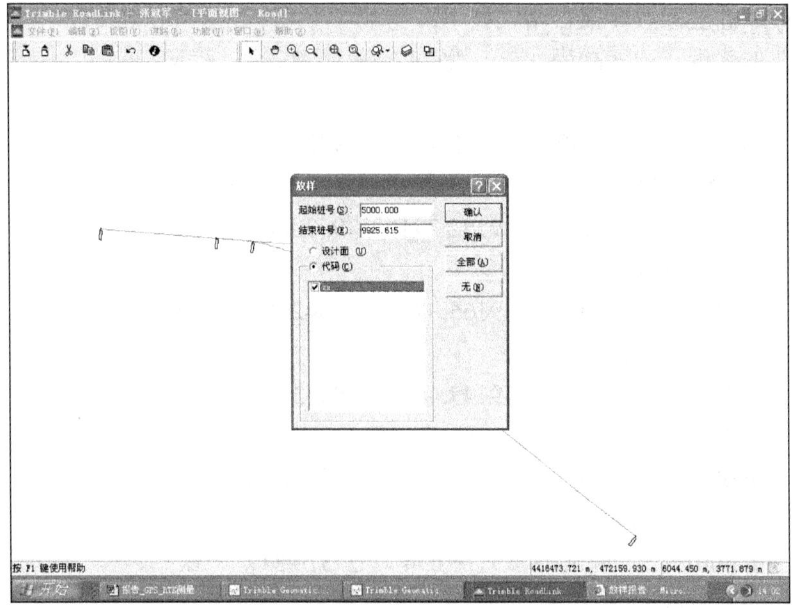

图 7-1-20　生成逐桩坐标放样报告

逐桩桩号间隔的设置：菜单［道路］→［选项］，输入间隔数，［确认］，见图 7-1-21。

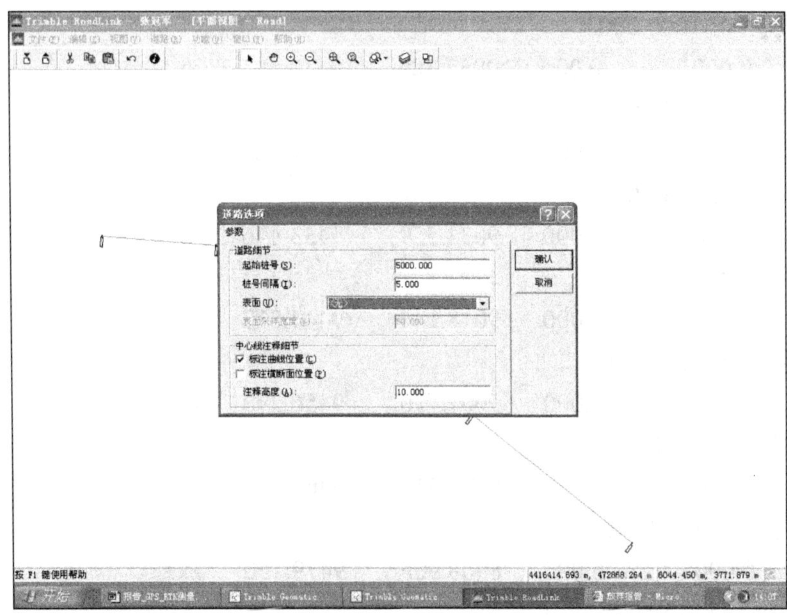

图 7-1-21　选择桩号间隔

生成逐桩坐标放样报告格式如下：

偏移量	高程	北	东	代码
桩号 = 14+859.760				
0.000	0.000	9182.491	9330.477	zx
桩号 = 14+860.000				
0.000	0.000	9182.294	9330.614	zx
桩号 = 14+880.000				
0.000	0.000	9165.879	9342.040	zx
桩号 = 14+900.000				
0.000	0.000	9149.464	9353.466	zx
桩号 = 14+920.000				
0.000	0.000	9133.049	9364.892	zx
桩号 = 14+940.000				
0.000	0.000	9116.634	9376.317	zx
桩号 = 14+960.000				
0.000	0.000	9100.219	9387.743	zx
桩号 = 14+980.000				
0.000	0.000	9083.804	9399.169	zx
桩号 = 15+000.000				
0.000	0.000	9067.389	9410.595	zx
桩号 = 15+020.000				
0.000	0.000	9050.974	9422.021	zx
桩号 = 15+040.000				
0.000	0.000	9034.559	9433.446	zx
桩号 = 15+060.000				
0.000	0.000	9018.144	9444.872	zx
桩号 = 15+080.000				
0.000	0.000	9001.730	9456.298	zx
桩号 = 15+100.000				
0.000	0.000	8985.315	9467.724	zx
桩号 = 15+120.000				
0.000	0.000	8968.900	9479.150	zx
桩号 = 15+140.000				

0.000 0.000 8952.485 9490.576 zx

桩号 = 15+160.000

0.000 0.000 8936.070 9502.001 zx

桩号 = 15+180.000

0.000 0.000 8919.655 9513.427 zx

桩号 = 15+200.000

0.000 0.000 8903.240 9524.853 zx

桩号 = 15+220.000

0.000 0.000 8886.825 9536.279 zx

桩号 = 15+240.000

0.000 0.000 8870.410 9547.705 zx

桩号 = 15+260.000

0.000 0.000 8853.995 9559.130 zx

桩号 = 15+280.000

0.000 0.000 8837.580 9570.556 zx

桩号 = 15+300.000

0.000 0.000 8821.165 9581.982 zx

二、中线测设

(一)数据准备和配置

在测量控制器或计算机上将控制点资料、坐标高程转换参数、放样道路设计等数据准备好,可复制或导入其他手簿。

测量控制器项目文件的复制:[文件]→[任务管理或文件管理]→[F2 复制(选择要复制的任务)]→[(输入新任务名称) F1 确认]

项目文件中转换参数的复制:[文件]→[在任务之间复制数据]→(选择任务)→(选择复制→校正)→[F1 确认]

项目文件中各种数据之间的复制:[文件]→[在任务之间复制数据]→(选择任务)→(选择复制→点、道路)→[F1 确认]

放样配置:[配置]→[测量形式]→[Trimble RTK]→[放样]

放样点细节

储存前先检查变化量 是 / 否

水平限差　　　　　　　　（输入限差）
放样点名称　　　　　　自动点名称 / 设计名称
放样点代码　　　　　　设计名称 / 设计代码
显示
显示模式　　　　　　目标为中心 / 测量员为中心
显示因子　　　　　　　　（输入显示比例）
显示网格变化量　　　　是 / 否
显示到 DTM 的挖 / 填　　是 / 否

(二)放样道路

正确启动基准站、流动站后，如图 7-2-1 所示，开始放样道路。放样时可以从道路上的任何里程开始，控制器实时显示所在位置的里程，而不是每次放样都从起点开始。

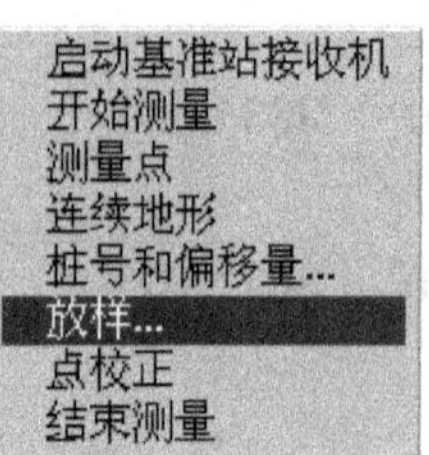

图 7-2-1　启动放样道路程序

1. 交点、中线控制桩放样

控制桩测量包括交点、中线控制桩（转点桩）、曲线要素桩（ZH、HY、QZ、YH、HZ）、水文控制桩。

交点桩根据设计或施工要求决定是否测量，一般可不进行测设。曲线要素桩(ZH、HY、QZ、YH、HZ)在条件允许的情况下都应进行测设。

中线控制桩（转点桩）应满足线路控制桩、水文控制桩、隧道控制桩、地质控制桩、个别路基控制桩等要求，间距应小于 500m，每一个控制桩应至少与一个相邻控制桩通视，既满足各专业定测调查需要，也满足地质放孔等要求。

中线水文控制桩在河流两岸、大路一侧、深沟一侧均应测设。

流动站流动作业时，通过电子手簿（内业人员应将线路设计资料传入或输入）实时进行交点、中线控制桩的放样和测量，对所放样控制桩进行平面和高程三维坐标的自动采集。为便于资料的整理，拟定控制桩代码表，见表 7-2-1，在测量记录时应输入各测量点的代码。控制桩测量时用支撑架对中、整平天线，测量时间宜为

15~30s，断开与基站的通信后重新初始化后再进行测量一次。根据设计坐标进行放样，与理论坐标的放样误差小于 ±10mm 时存储测量数据，并钉设小钉为标记，若超限应分析原因并重新放样测量。

控制桩代码 表 7-2-1

点类型	点名	代码
交点	交点顺序号	JD
转点桩	转点顺序号加里程	ZD
直圆	里程(以米为单位)	ZY
圆直	里程	YZ
直缓	里程	ZH
缓圆	里程	HY
曲中	里程	QZ
圆缓	里程	YH
缓直	里程	HZ
中线水文控制桩	里程	SW

外业操作：

[测量]→[Trimble RTK]→[放样]→[道路]→回车后出现放样道路列表，选择要放样的道路，可以按照道路里程或道路任意位置放样中线控制点，放样具体里程点的方法同放样点一致，交点根据设计坐标进行放样。在 RTK 测量中，显示的起始总是假定测量人员向前移动，在向前移动中，将测量控制器拿在身体前方向，按箭头指示的方向移动，箭头表示的是点的方向，当进入距点 3m 的范围内后，箭头消失，出现圆圈目标，在非常靠近该点时，按精确软键，移动使十字（当前位置）与圆圈目标（放样点）重合，在手扶对中杆移动到点位附近 2cm 左右时，钉方木桩后，用支撑架对中、整平天线后移动对中杆，直到显示跳动的放样差在 1cm 以内时测量点，测量时间宜为 10~30s。测量完成后储存数据前显示放样差，如小于 1cm 时储存测量结果，大于 1cm 时，移动对中杆，重新测量，直到符合要求为止。

测量形式的选择：在[F5 选项]中，可选择[观测控制点]，并可设定观测时间、放样限差等。

2. 中桩放样

中桩桩橛为板桩(规格同标志桩)。进行中线、中平测量时，按中线测量加桩要求进行中线测设，手扶对中杆并置平，对中桩进行平面和高程的测量，测量时间宜为 5~10s。根据设计坐标进行放样，与理论坐标的放样误差小于 ±7cm 时存储测量数据，若超限应分析原因并重新放样测量。在需加桩位置（如树边、坎下等）但不满足 GPS RTK 测量要求，难以或无法进行初始化取得固定解时，应在其附近测设两通视的中线控制桩，后续采用全站仪进行补充测量。

中线上应钉设千米标桩和加标桩，并宜钉设百米标桩。直线上的中桩间距不宜大于 50m；曲线上中桩间距不宜大于 20m。如地形平坦且曲线半径大于 800m 时，圆曲线内的中桩间距可不大于 40m。圆曲线的中桩里程宜为 20m 的整倍数。大河两岸、水沟沟底（如水沟有水打桩困难时，应打在两岸，并标注桩位）、电线、地下管线、房屋、铁路中心或公路中心交叉处、纵横向地形变化处（需作横断面处）等均应钉设加桩，中桩代码见表 7-2-2。断链前后的线路中线资料应分两段输入至电子手簿。断链应设在直线上的百米桩处，困难时可设在 10m 为单位的桩上，不应设在车站、桥梁、隧道和曲线范围内。

中桩代码 表 7-2-2

点类型		点名	代码
一般中桩		里程	Z
坎上		里程	KS
坎下		里程	KX
沟边		里程	GB
沟心		里程	GX
水边		里程	SB
果树边		里程	GSB
电线	通信线	里程	TDX
	普通电力线	里程	DX
	高压线	里程	GDX
电缆		里程	DL
路边		里程	LB
路心		里程	LX
铁路轨心		里程	TX
砟肩		里程	ZJ1
砟脚		里程	ZJ2
路肩		里程	LJ
坡脚		里程	PJ
房边		里程	FB

中桩测设过程中还要执行各有关专业提出的具体加桩要求。

进行中线、中平测量时，按中线测量加桩要求进行中线测设，TSC1 中显示实时里程和偏移中线的距离，根据地形变化进行加中桩，或根据设计加百米标，手扶对中杆进行移动，当到点位附近 5cm 左右时，对中桩进行平面位置和高程的测量，测量时间宜为 5~10s。测量完成后储存数据前显示放样差，如小于 5cm 时储存测量结果，大于 5cm 时，移动对中杆，重新测量，直到符合要求为止。测量完成后在测量位置钉设板桩。

测量形式的选择：在［F5 选项］中，可选择［地形点］，并可设定观测时间、放样限差等。

（三）质量控制及案例

线路放样测量质量控制一般按表 7-2-3 的要求进行。

RTK 测量具体技术质量要求　　表 7-2-3

内　　容	限差	内　　容	限差
卫星高度角	≥ 15°	PDOP 值	≤ 6
有效卫星总数	≥ 5	RMS	≤ 0.02m
控制桩测量时间	15~30s	中桩、地形点测量时间	5~10s
测量控制桩时 QC 平面限差	±15mm	测量控制桩时 QC 高程限差	±20mm
测量中桩、地形点时 QC 平面限差	±25mm	测量中桩、地形点时 QC 高程限差	±30mm
控制桩放样平面误差	±10mm	中桩测设平面偏差	±5cm
控制桩里程取位	0.01m	中桩里程取位	0.1m

RTK 线路放样在公路、铁路、电力、管道等勘测和施工中得到普遍应用，测量作业过程中如果质量控制出现问题，严重的会引起较大的勘测和设计的返工，造成直接和间接的经济损失。在 RTK 线路放样过程中易出现的坐标转换、天线高、点位误差超限等以下一些常见的质量问题。

1. 坐标转换错误或残差超限

某铁路勘测中，由于用于 RTK 高程转换的水准点高程有误不兼容，在未查明不兼容原因的情况下，使用了错误的水准点高程进行高程转换后进行 RTK 测量，使高程转换呈斜面，且未按要求进行现场检核，在施工时发现十几千米纵断面高程与地面严重不符，与实际地面相差在 -1.2~1.2m，造成桥梁净空不足，发生设计变更。

2. 天线高输错

由于 RTK 天线高输入错误，且未按要求进行现场检核，导致某段中线测量错误，施工单位复测地面高程时发现，与实际地面高程相差 0.8m，造成重新测量和设计修改。

3. 测量精度低、点位误差超限

如某线 RTK 中线测量中没有对点位误差限差进行设置，在观测条件不好（有树、房子）的中线点上出现超限严重的情况，最大的 410300 中桩高程中误差达 5.2m，造成中桩测量多处错误，且内业并没有进行复核，造成多处返工。导出的测量数据见图 7-2-2。

点号	设计里程	设计北坐标	设计东坐标	当前北坐标	当前东坐标	平面质量	高程质量
409680	409680.394	23448.1956	4196.7793	23448.1849	4196.6722	0.6776	1.4425
409710	409710.057	23418.6137	4198.9658	23418.6081	4198.9386	0.0085	0.0155
409711	409780.032	23348.9607	4205.6524	23348.9539	4205.6180	0.0104	0.0196
409800	409780.032	23348.9611	4205.6523	23348.9541	4205.6164	0.0104	0.0195
409820	409820.015	23309.2281	4210.1173	23309.2226	4210.0957	0.0076	0.0139
409840	409840.058	23289.3210	4212.4507	23289.3152	4212.4262	0.0078	0.0143
409860	409860.017	23269.5017	4214.8044	23269.4992	4214.8070	0.0085	0.0156
409880	409879.929	23249.7288	4217.1599	23249.7243	4217.1460	0.0108	0.0197
409890	409890.061	23239.6687	4218.3584	23239.6676	4218.3734	0.0107	0.0186
409950	409950.046	23180.1041	4225.4544	23180.0971	4225.4239	0.0088	0.0161
409980	409980.014	23150.3470	4228.9994	23150.3453	4229.0086	0.0083	0.0152
410000	410000.046	23130.4556	4231.3691	23130.4541	4231.3793	0.0073	0.0132
410060	410060.032	23070.8910	4238.4651	23070.8887	4238.4579	0.0073	0.0134
410090	410090.030	23041.1034	4242.0137	23041.1050	4242.0489	0.0078	0.0155
410120	410120.005	23011.3388	4245.5596	23011.3309	4245.5149	0.0095	0.0189
410150	410150.012	22981.5430	4249.1093	22981.5466	4249.1611	0.0078	0.0156
410180	410180.057	22951.7080	4252.6635	22951.7017	4252.6308	0.2372	0.5559
410300	410300.414	22832.1963	4266.9012	22832.2079	4267.0182	2.1500	5.2198
410360	410360.037	22772.9927	4273.9542	22772.9844	4273.9037	0.0057	0.0120
410390	410390.047	22743.1928	4277.5043	22743.1965	4277.5534	0.3486	0.5848

图 7-2-2　中线测量数据案例

4. 偏离放样桩号测量或桩号错误

从原始数据中发现在 RTK 测量时出现偏离放样桩号较远测量的现象，有的甚至达到几米、十几米，原因是桩号上 RTK 信号不佳，在目估偏离位置与加桩位置高程相当，此种情况不符合规范要求，目估误差不能保证测量精度，在 RTK 测量中禁止出现此类情况。在不能使用 RTK 加桩的位置，应使用全站仪等常规手段进行补充测量。

此外，现场输入点号（桩号）里程错误，在内业复核不到位，在提供桩号表时产生错误的现象也时有发生。

针对以上易出现的问题，应加强质量控制的两个重点环节：外业测量限差控制和内业质量检查控制。外业质量控制重点在此进行介绍，内业质量检查在数据处理中再进行介绍。

（1）坐标转换及道路设计

严格按照有关规范中坐标转换及残差限差要求进行，坐标转换前对控制点成果的坐标系统、来源、精度等进行核查，注意在不同阶段如定测和补定测时，在相同的段落要使用相同的转换集进行勘测。道路设计应与线路设计提供的逐桩坐标进行复核无误后方可进行外业勘测。

（2）天线高

在作业过程中要仔细检查并确认天线类型、量高方式、天线高的正确，基准站、流动站天线高在外业测量时如有变化要在记录簿中记录，并进行内业复核。基准站天线高输错后，进行内业修改后重新计算 RTK 成果，并需要进行外业再次检核无误后提交成果。

（3）外业测量限差控制

① Leica GPS。在测量手簿中的设置操作步骤如下：

［5 配置］→［1 测量］→［4 质量控制设置］→［CQ 控制］（见图 7-2-3），也可在［测量］或［管理］菜单选项中的［配置集］里进行快速查看和修改。

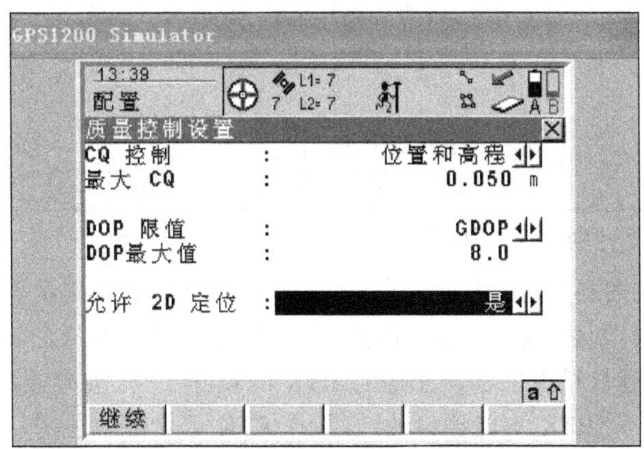

图 7-2-3　Leica GPS CQ 设置

② Trimble GPS。在测量手簿中的设置操作步骤如下：

［配置］→［测量形式］→［RTK］→［地形点］（见图 7-2-4~ 图 7-2-6）

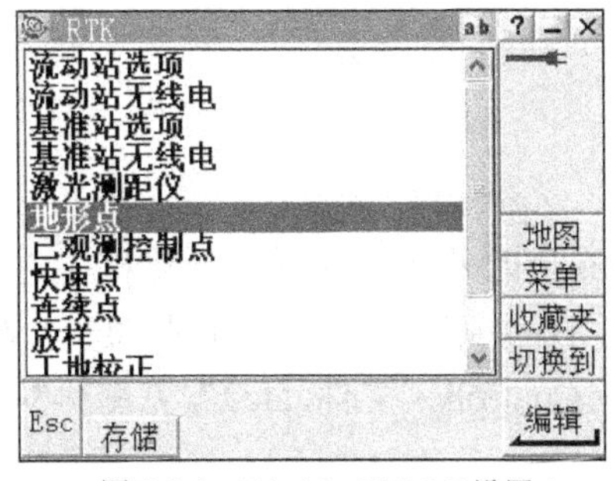

图 7-2-4　Trimble GPS QC 设置 1

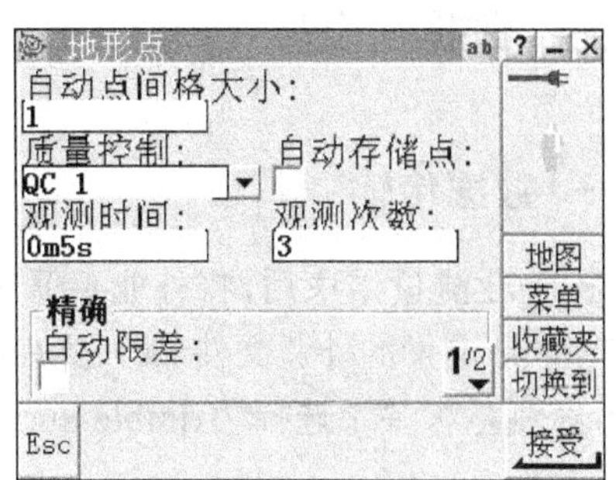

图 7-2-5　Trimble GPS QC 设置 2

也可在[测量]→[RTK]菜单相关选项中进行查看和修改。还可对已观测控制点、快速点、连续点的限差进行设置。

③ Ashtech GPS。进入 FAST Survey 测量软件后，按照路径点击[设备]→[8 限差]，见图 7-2-7，在此界面中按测量限差要求对测量点位时的水平及垂直中误差以及放样限差进行设定。

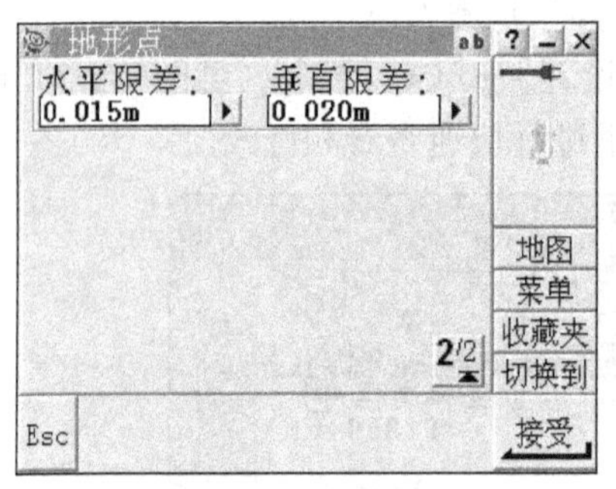

图 7-2-6 Trimble GPS QC 设置 3

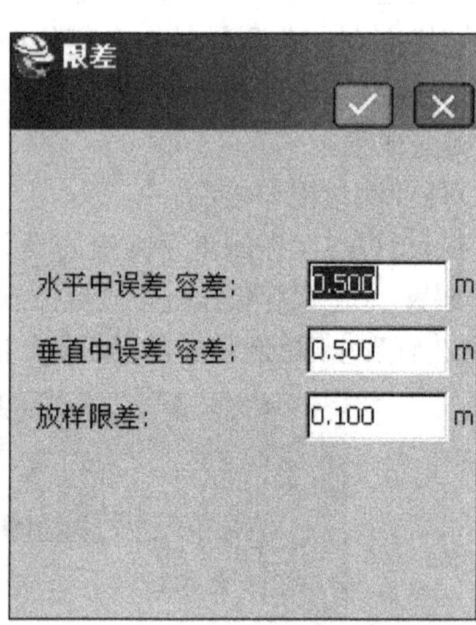

图 7-2-7 Ashtech GPS QC 误差设置

外业测量时需要严格进行已知点检核制度，可以有效防止粗差的出现，并在外业记录簿中记录检核结果，严禁在遮挡严重、信号不佳等不符合 RTK 作业条件或不能满足 RTK 测量精度的情况下进行 RTK 测量，严禁在桩号偏离位置代替中线位置进行测量。对 RTK 不能测量的地段，在 RTK 记录簿中注明，并及时安排使用全站仪进行补充测量。

外业测量中可通过增加测量次数，或重复测量来提高可靠性。

三、数据处理

(一)数据传输

RTK 外业测量结束后，将外业手簿中测量的外业文件导入计算机中内业软件中，如 Trimble 测量的外业文件 .dc。先启动 TGO 新建工程项目，选择菜单[文件]→[导入]，在测量标签中选择“Trimble Survey Controller 文件(.dc)”，见图 7-3-1。

导入外业文件后，显示所测量的数据，见图 7-3-2。

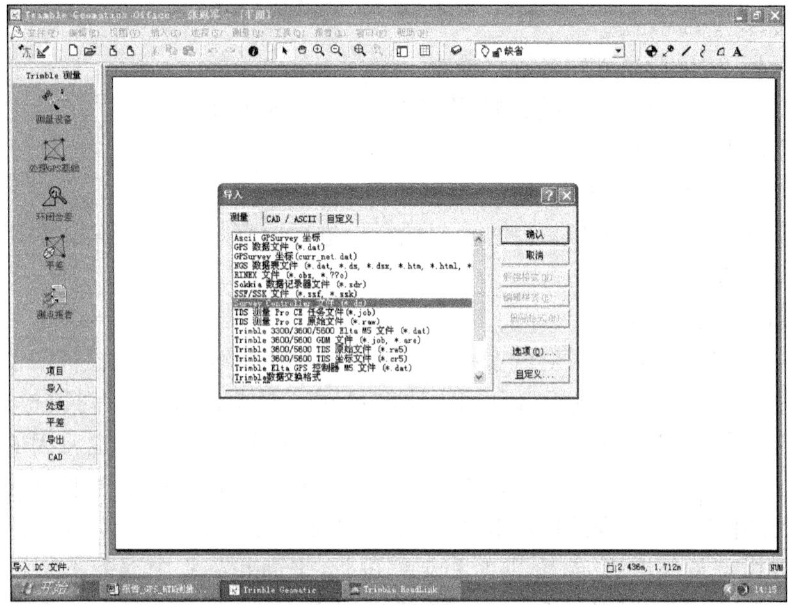

图 7-3-1 导入外业文件

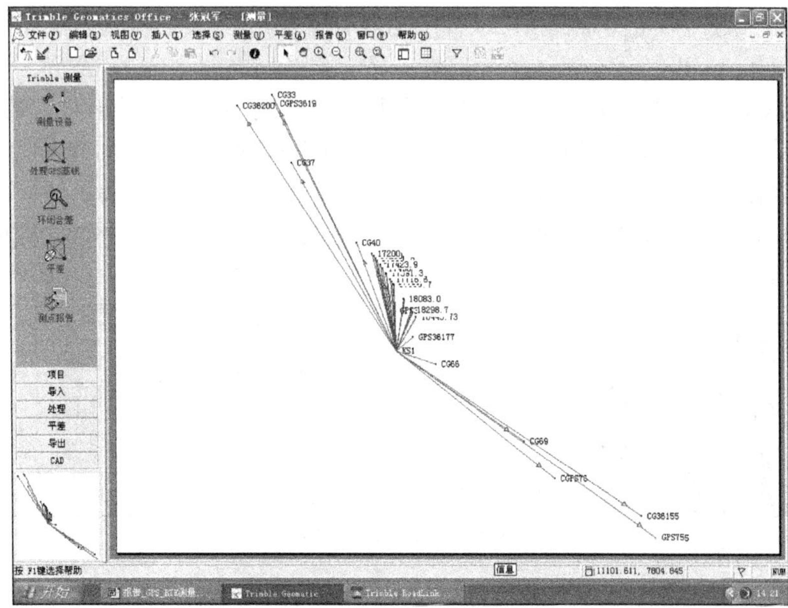

图 7-3-2 RTK 测量数据图形文件

(二)数据检查

1. 基本信息检查

对坐标系、坐标高程转换进行检查;

对基准站、流动站的天线类型、天线高、量高方式进行检查;

对线路曲线资料进行检查。

2. 桩号及放样差检查

对应外业记录对桩号进行检查,对放样差进行检查,可自定义格式输出桩号及放样差进行检查。

3. 放样精度检查

首先,检查外业放样时对既在控制点进行的检核资料,可通过检核的情况对测量成果进行初步评价。然后可利用大比例尺地形图或DEM进行对比检查,检查是否存在高程粗差、里程粗差,对存在粗差的点进行分析,不能确定原因的进行外业补测。对于特殊重点交叉、控制重大方案工程的中线测量成果,当作外业实测检查或验收的内容,采用全站仪对RTK测量成果进行实测检查,以确保测量质量。

对放样测量精度评定,分平面和高程进行,平面和高程中误差不超过放样限差的1/2,如中桩高程限差0.1m,即中桩高程中误差应小于0.05m,控制桩限差0.05m,即控制桩高程中误差应小于0.025m。如出现超限情况,应进行重测或用全站仪进行补测。不同仪器和相应软件中功能有所差异,主要的检查方法如下。

(1)Leica GPS

在LGO中导入数据后直接查看平面和高程精度,并可排序,也可将数据导出成.xls.或scv表格形式排序查看,在LGO中查看如图7-3-3所示,在标题行点右键可定制显示"平面精度""高程精度"选项,即可查看检查点位质量。

点标识	点类别	日期/时间	纬度	经度	椭球高	平面精度	高程精度
Point...	测量点	02/06/2004 23:...	47° 23′ 06.3...	9° 38′ 48.2...	455.5452	0.0247	0.0477
Point...	测量点	02/06/2004 23:...	47° 23′ 05.1...	9° 38′ 50.8...	456.6931	0.0197	0.0419
Point...	测量点	02/06/2004 23:...	47° 23′ 04.4...	9° 38′ 51.8...	456.6867	0.0146	0.0387
Point...	测量点	02/06/2004 20:...	47° 23′ 03.4...	9° 38′ 50.9...	456.0973	0.0148	0.0367
Point...	测量点	02/06/2004 21:...	47° 23′ 05.6...	9° 38′ 48.6...	455.8781	0.0140	0.0355
Point...	测量点	02/06/2004 23:...	47° 23′ 04.6...	9° 38′ 51.5...	456.7019	0.0150	0.0320
Point...	测量点	02/06/2004 22:...	47° 23′ 03.7...	9° 38′ 51.0...	456.3836	0.0168	0.0319
Point...	测量点	02/06/2004 22:...	47° 23′ 02.2...	9° 38′ 52.7...	456.1114	0.0176	0.0307
Point...	测量点	02/06/2004 21:...	47° 23′ 02.5...	9° 38′ 52.3...	456.0751	0.0126	0.0296
Point...	测量点	02/06/2004 21:...	47° 23′ 01.9...	9° 38′ 53.0...	456.0625	0.0169	0.0291
Point...	测量点	02/06/2004 22:...	47° 23′ 04.2...	9° 38′ 50.5...	456.3511	0.0124	0.0279
Point...	测量点	02/06/2004 21:...	47° 23′ 04.9...	9° 38′ 49.7...	456.0414	0.0103	0.0269
Point...	测量点	02/06/2004 22:...	47° 23′ 01.9...	9° 38′ 53.1...	455.3277	0.0109	0.0262

图7-3-3 LGO质量检查

(2)Trimble GPS

在TGO中点击RTK测量基线或测量点,即可查看其测量精度,见图7-3-4。

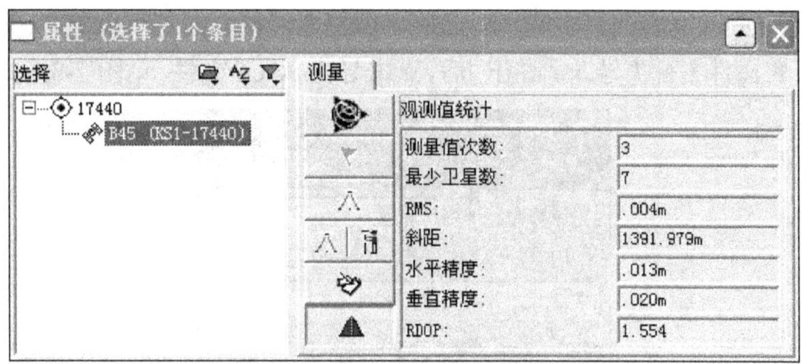

图 7-3-4 TGO 质量检查

也可统一检查外业测量数据，通过设计输出资料格式定制。方法为：[导出]→[自定义标签]→[新建格式]，输入名称等，[导出从]选择“放样道路点细节”，在格式标题、格式体、格式注脚各栏中弹鼠标右键从提供的域代码列表中选择需要的输出格式。另外，再选择 [导出从] “QC 报告” 中，在格式标题、格式体、格式注脚各栏中弹鼠标右键从提供的域代码列表中选择增加 “水平精度”“垂直精度” 的输出格式，定制精度检查报告见图 7-3-5，即可导出 .csv 格式定制数据，对 RTK 测量成果的精度进行查看复核，对超限的重测或用全站仪进行补测量。

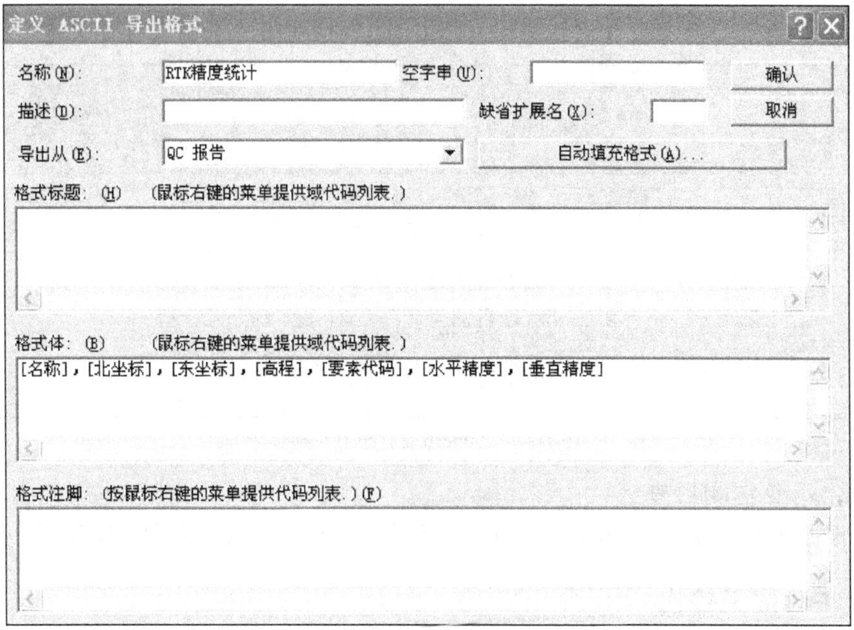

图 7-3-5 定制检查报告

(3)Ashtech GPS

进入[F 文件]→[7 导入 / 导出]后，点击导出 Ascii 文件，见图 7-3-6。

图 7-3-6　Ashtech 文件导出

“输出点说明”“输出属性” 前面的对钩都要选上，选上了之后输出的文件就包括测点的全面信息，其中包括水平及垂直中误差，见图 7-3-7 中 F、G 列，内业对 RTK 测量成果的精度进行查看复核，对超限的重测或用全站仪进行补测量。

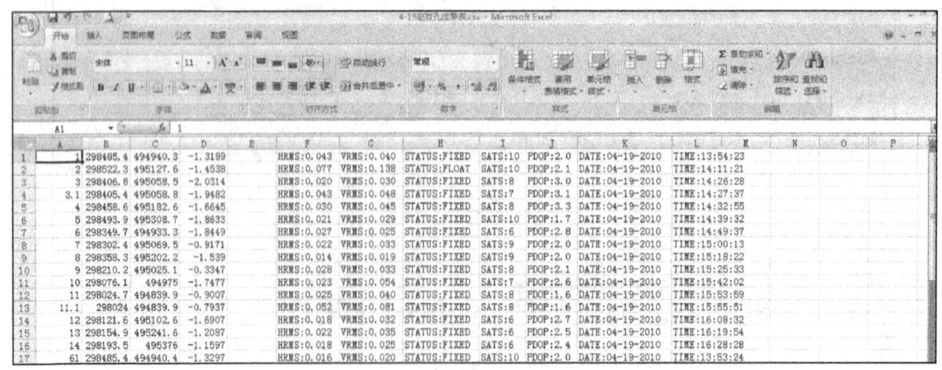

	A	B	C	D	E	F	G	H	I	J	K	L
1	1	298485.4	494940.3	-1.3189		HRMS:0.043	VRMS:0.040	STATUS:FIXED	SATS:10	PDOP:2.0	DATE:04-19-2010	TIME:13:54:23
2	2	298522.3	495127.6	-1.4538		HRMS:0.077	VRMS:0.138	STATUS:FLOAT	SATS:10	PDOP:2.1	DATE:04-19-2010	TIME:14:11:21
3	3	298406.8	495058.5	-2.0314		HRMS:0.020	VRMS:0.030	STATUS:FIXED	SATS:8	PDOP:3.0	DATE:04-19-2010	TIME:14:26:28
4	3.1	298405.4	495058.8	-1.9482		HRMS:0.043	VRMS:0.048	STATUS:FIXED	SATS:7	PDOP:3.1	DATE:04-19-2010	TIME:14:27:37
5	4	298458.6	495182.6	-1.6645		HRMS:0.030	VRMS:0.045	STATUS:FIXED	SATS:8	PDOP:3.3	DATE:04-19-2010	TIME:14:32:55
6	5	298493.9	495308.7	-1.8633		HRMS:0.021	VRMS:0.029	STATUS:FIXED	SATS:10	PDOP:1.7	DATE:04-19-2010	TIME:14:39:32
7	6	298349.7	494933.3	-1.8449		HRMS:0.027	VRMS:0.025	STATUS:FIXED	SATS:6	PDOP:2.8	DATE:04-19-2010	TIME:14:49:37
8	7	298302.4	495069.5	-0.9171		HRMS:0.022	VRMS:0.033	STATUS:FIXED	SATS:9	PDOP:2.0	DATE:04-19-2010	TIME:15:00:13
9	8	298358.3	495202.2	-1.539		HRMS:0.014	VRMS:0.019	STATUS:FIXED	SATS:9	PDOP:2.0	DATE:04-19-2010	TIME:15:18:22
10	9	298210.2	495025.1	-0.3347		HRMS:0.028	VRMS:0.033	STATUS:FIXED	SATS:8	PDOP:2.1	DATE:04-19-2010	TIME:15:25:33
11	10	298076.1	494975	-1.7477		HRMS:0.023	VRMS:0.054	STATUS:FIXED	SATS:7	PDOP:2.6	DATE:04-19-2010	TIME:15:42:02
12	11	298024.7	494839.9	-0.9007		HRMS:0.025	VRMS:0.040	STATUS:FIXED	SATS:8	PDOP:1.6	DATE:04-19-2010	TIME:15:53:59
13	11.1	298024	494839.9	-0.7937		HRMS:0.052	VRMS:0.081	STATUS:FIXED	SATS:8	PDOP:1.6	DATE:04-19-2010	TIME:15:55:51
14	12	298121.6	495102.6	-1.6907		HRMS:0.018	VRMS:0.032	STATUS:FIXED	SATS:6	PDOP:2.7	DATE:04-19-2010	TIME:16:08:32
15	13	298154.9	495241.6	-1.2087		HRMS:0.022	VRMS:0.035	STATUS:FIXED	SATS:6	PDOP:2.5	DATE:04-19-2010	TIME:16:19:54
16	14	298193.5	495376	-1.1597		HRMS:0.018	VRMS:0.025	STATUS:FIXED	SATS:6	PDOP:2.4	DATE:04-19-2010	TIME:16:28:28
17	61	298485.4	494940.4	-1.3297		HRMS:0.016	VRMS:0.020	STATUS:FIXED	SATS:10	PDOP:2.0	DATE:04-19-2010	TIME:13:53:24

图 7-3-7　Ashtech 文件导出的数据

4. 外业实测检查

根据测区测段的划分，对外业进行按比例实测检查，以评定测量精度。

(三)成果输出

外业测量数据检查复核完成后，设计输出成果资料格式。

［导出］→［自定义标签］→［新建格式］，输入名称等，［导出从］选择“放样道路点细节”，在格式标题、格式体、格式注脚各栏中弹鼠标右键从提供的域代码列表中选择需要的输出格式，见图 7-3-8、图 7-3-9。另外，在测量 /CAD/ASCII/GIS/ 自定义中可输出其他格式或形式的文件。

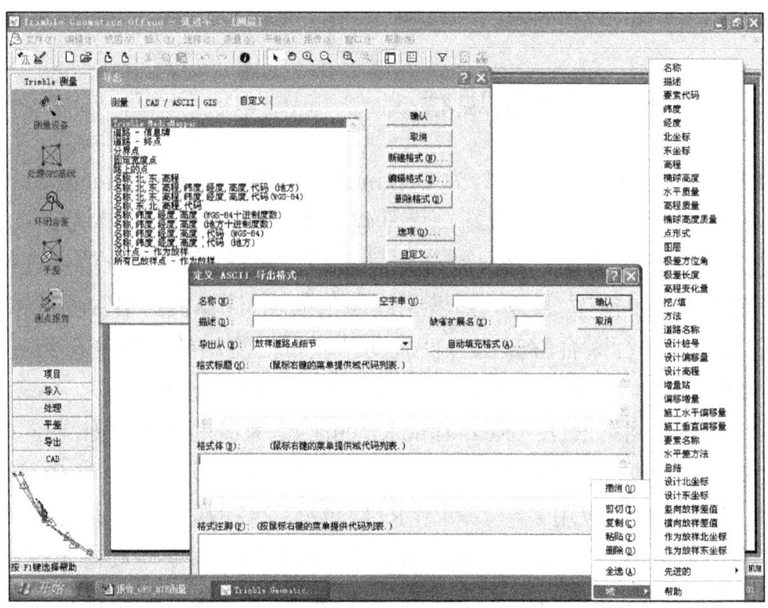

图 7-3-8　自定义导出格式

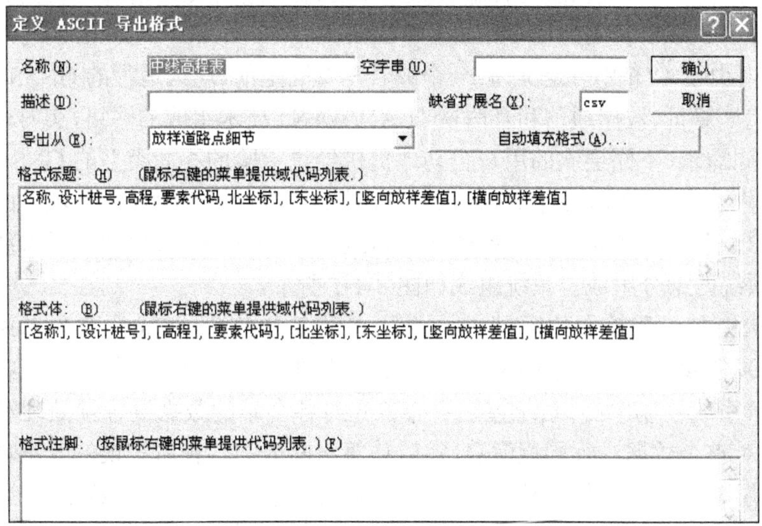

图 7-3-9　自定义中线高程表样式

第八章 网络RTK技术

一、CORS 技术及现状

CORS 最早诞生于上世纪末，为 Continuously Operating Reference Station 的英文缩写，中文意为连续运行参考站。最早建设的参考站，是以单参考站的形式，采用无线电广播的形式为用户播发差分信息，用户接收机得到差分信息进行差分改正后获得精度较高的定位服务。随着无线通信技术、计算机网络管理技术的进步，采用多个参考站进行联合解算从而使流动站获得的测站数据精度得到提高，这类采用整网或多个参考站解算进行定位的技术形成 CORS 技术。

CORS 系统是网络 RTK（Real-Time Kinematic）系统的基础设施，在此基础上就可以建立起各种类型的网络 RTK 系统，同时网络 RTK 差分定位也是 CORS 产生的主要原因和最主要的应用之一。网络 RTK 也称多参考站 RTK，是近年来在常规 RTK、计算机技术、通信网络技术的基础上发展起来的一种实时动态定位新技术。

采用网络 RTK，参考站不再是单独存在，而是多个参考站组成一个相互关联的网络，通过网络将数据实时传输到数据中心，由数据中心解算差分信息并提供用户。这样，CORS 演化为 Continuously Operating Reference System，即连续运行参考系统。因此，CORS 可定义为：一个或若干个固定的、连续运行的 GNSS 参考站，利用现代计算机、数据通信和互联网（LAN/WAN）技术组成的网络，实时地向不同类型、不同需求、不同层次的用户自动地提供经过检验的不同类型的 GNSS 观测值（载波相位、伪距），各种改正数、状态信息，以及其他有关 GNSS 服务项目的系统。

CORS 系统由基准站网子系统、数据处理中心子系统、数据通信子系统和用户应用子系统四部分组成。系统组成如图 8-1-1 所示。

CORS 在一个较大的区域内均匀地布设多参考站，构成一个参考站网（见图 8-1-2），各参考站按设定的采样率连续观测，通过数据通信系统实时地将观测数据传输给系统控制中心，系统控制中心首先对各个站的数据进行预处理和质量分析，然后对整个数据进行同意解算，实时估算出网内的各种系统误差改正项（电离层、对流层、卫星轨道误差）获得本区域的误差改正模型。把改正数据传给流动站，获得高精度、可靠的定位结果。CORS 系统具有以下优势。

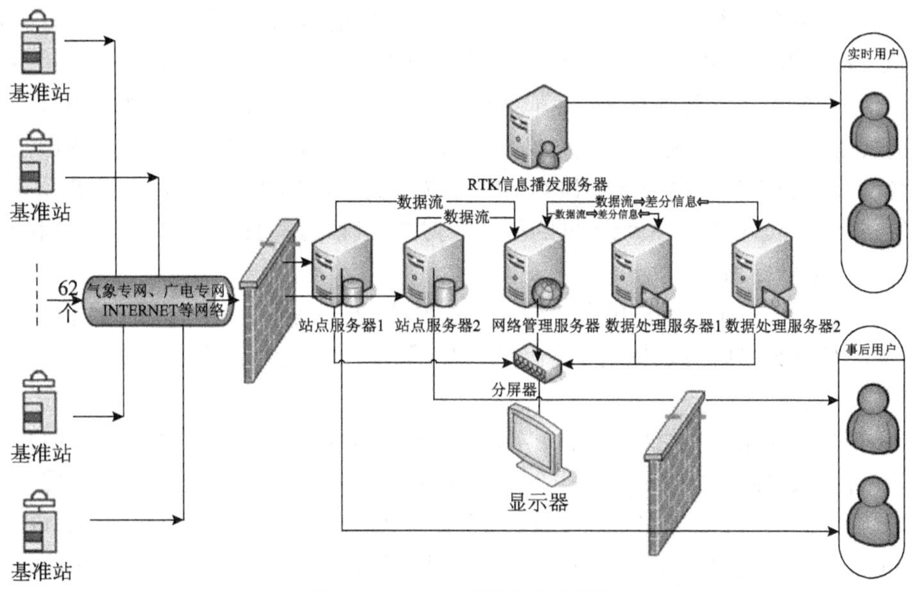

图 8-1-1　CORS 系统组成示意图

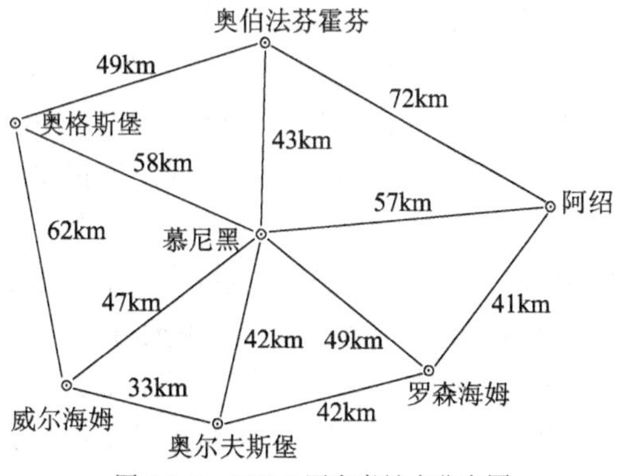

图 8-1-2　CORS 网参考站点分布图

(1)CORS 系统的基础硬件设施为数量众多的持续工作的 GNSS 基准站，这些基准站可以提供 GNSS 卫星数据以及国际上普遍适用的基准站站点坐标。在这些 GNSS 基准站的帮助下，CORS 系统可以提供快速的实时定位、交通出行导航及全球精确定位等功能，可以满足地质测绘、地籍房产管理、城市建设规划、城乡设施安排、城市环境监测、交通出行监控、自然灾害预防及矿山结构测量等的要求。

(2)CORS 系统可以提供卓越的实时性功能，可以满足用户不同方面的要求。CORS 系统整合了 DGPS 模块、RTK 模块、静态或动态后处理模块，可以提供准实时全球精确定位服务。

（3）CORS 系统兼容不同精度等级的定位功能，可以满足客户的不同需求。CORS 系统的定位精度覆盖米级、分米级、厘米级的定位。

（4）CORS 系统运作效率高，基站覆盖地域范围广，而且具有一次投资长期受益的优点。CORS 系统已经成为城市基础设施建设的发展方向。目前，我国大部分经济发达城市都已建成或在建 CORS 系统。另外，GNSS 技术在 CORS 系统中运行优势明显。CORS 系统提供的测绘数据规范统一，并且可以向用户提供稳定、统一的参考坐标系。

（5）CORS 系统可以提供高质量的系统数据，从而提高了业务区域的数据精度。

（6）CORS 系统可以提高生产效率，单人测量系统也逐渐成为 GNSS 技术的主要应用方式。

（7）CORS 系统采用广播式数据发送方式，不对接入用户数量设限，降低投资。

目前，CORS 系统的主要服务对象是实时厘米级或分米级的测绘类用户以及导航类用户。国际上主要的 CORS 有：国际 GNSS 服务局（International GNSS Service，IGS）的全球 IGS 站网，欧洲参考框架永久跟踪站网（EUREE Permanent Network，EPN）为代表的洲际 CORS，美国、日本、德国（SAPOS）、英国、加拿大、澳大利亚（AFN、ARGN）等国的国家级 CORS，美国 CUE、ACCQPOINT 等公司的区域定位导航服务网络。其他欧洲国家，即使领土面积比较小，西班牙、荷兰、瑞士、捷克等也已建成具有类似功能的永久性 GPS 跟踪网，作为国家空间信息系统的基准，为 GPS 差分定位、导航、地球动力学和大气研究提供科学数据。

我国的连续运行参考站建设主要经历了以下几个时期。

建设初期（1992~2000 年），主要是以国家层面的需求出发，以建立国家大地基准、开展地球动力学研究和有关大气探测研究为主要任务，建设单位包括国家测绘局、总参测绘局、中国科学院、中国地震局、中国气象局等。

1993~1996 年国家测绘局、中国科学院等通过国际合作分别在国内建立了拉萨、乌鲁木齐、北京、上海、西安、长春等 GPS 永久跟踪站，建设的主要目的是服务于国际 GPS 动力学服务，其中拉萨、武汉、乌鲁木齐和上海等站已经成为 ITRF（国际陆地参考框架）的核心站。

国家测绘局自 1992 年起共建 GPS 连续运行参考（基准）站 8 个，分别位于武汉（1992 年）、北京（1995 年）、拉萨（1995 年）、乌鲁木齐（1995 年）、咸阳（1997 年）、西宁（1998 年）、哈尔滨（1999 年）和海口（1998 年），主要目的是建立国家大地基准控制，为我国坐标框架建设提供参考依据。

中国科学院分别在上海、西安、长春和昆明建立了 GPS 永久跟踪站，主要目的是结合 VLBI、SLR 等其他大地测量手段进行地球科学研究，也成为国际上具有多种观测手段的科学台站。

中国地震局自 1998 年与总参测绘局、中国科学院和国家测绘局合作在国内建立中国地壳运动观测网网络工程，在国内建立了 25 个 GPS 基准站，平均站间距 300~500 千米，作为网络工程 GPS 观测网的框架。

2000 年以后，一方面随着国家信息化程度的提高，电子政务、电子商务、数字城市、数字省区和数字地球的工程化和现实化，需要采集多种实时地理空间数据，对 CORS 系统建设具有迫切的需求；另一方面实时 GNSS 测量技术、计算机网络和通信技术的飞速发展，特别是网络 RTK 技术的成熟，使得 CORS 系统的广泛应用具有现实的可行性。在这种背景下，国内 CORS 系统建设呈现快速发展的态势，建成了一大批地方或专业性 CORS，突出了技术的实用性，并具有密度大、区域性强的特点，主要建设单位为规划局、测绘局、气象局、地震局、国土局等。

2006 年由中国地震局、总参测绘局、中国科学院、国家测绘局、中国气象局和教育部六部委联合向国家发改委申请的“中国大陆环境构造监测网络”项目获准通过，该项目将在全国建立 260 个 GNSS 连续运行参考站，也将形成全国最大的 CORS 系统。2003 年，深圳市建立了我国第一个地方性连续运行参考站系统（SZCORS），目前已开始全面测量应用。全国部分省、市也已初步建成或正在建立类似的省、市级 CORS 系统。

二、网络 RTK 技术原理

（一）网络 RTK 基本原理

网络 RTK 技术是 CORS 产生最重要原因和最主要的应用方式之一。在某一区域内建立若干个 GNSS 基准站，对该地区构成网状覆盖，联合若干基准站数据解算或消除电离层、对流层等影响，发播 GNSS 改正信息，对该地区内的 GNSS 用户进行实时载波相位 / 伪距差分改正的定位方式，称为网络 RTK，见图 8-2-1。

网络 RTK 是由基准站网、数据处理中心和数据通信线路组成的。基准站上配备双频全波长 GNSS 接收机，该接收机最好能同时提供精确的双频伪距观测值，且基准站坐标应精确已知，其坐标可采用长时间 GNSS 静态相对定位等方法来确定。此外，这些站还应配备数据通信设备及气象仪器，基准站应按规定的采样率进行连续观测，并通过数据通信链实时将观测资料传送给数据处理中心，网络 RTK 技术依靠网络将基准站连接到计算中心，联合若干基准站数据解算或消除电离层、对流层等影响，以提高 RTK 定位可靠性和精度，通过对 GNSS 天线、处理器等内部结构的改造以及对通信手段的完善，打破了电台传输有效范围小的限制。网络 RTK 有以下几点关键技术。

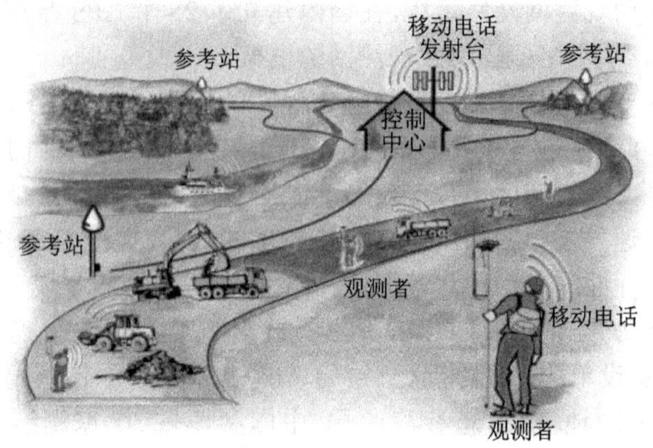

图 8-2-1　网络 RTK 作业模式

（1）利用多个基准站观测数据对电离层、对流层、观测误差的误差模型进行优化。

（2）多个基准站已知坐标和观测数据快速确定某类整周模糊度值，然后进一步确定误差模型的精细结构。

（3）利用上述误差模型和整周模糊度寻找确定流动站的误差修正的算法。

（4）利用修正后的流动站观测值和基准站坐标固定流动站整周模糊度。

（5）快速、实时性解算技术，结果精度和可靠性的检验。

网络 RTK 差分解算模型是网络 RTK 的核心，也是网络 RTK 软件的核心，网络 RTK 最终通过数学模型实现用户高精度差分定位功能。网络 RTK 通过相位观测值与改正数（差分数据）联合计算获得高精度解算坐标，差分改正数有三种：MSTIDs 的电离层改正数、对流层改正数和轨道改正数。

其中，网络中相位观测值可由下式计算

$$\phi_{V}^{k}(\text{CORS}) = \varphi_{A}^{k} + \frac{1}{\lambda}\Delta\rho_{AV}^{k} + \frac{1}{\lambda}(-\Delta\nabla I_{AV}^{ik} + \Delta\nabla T_{AV}^{ik} + \Delta\nabla O_{AV}^{ik} + \Delta\nabla M_{AV_{\varphi}}^{ik} + \varepsilon_{\Delta AV_{\varphi}}) \quad (8\text{-}2\text{-}1)$$

式中：　λ——载波相位长；

φ——载波相位观测值；

ρ——站星间几何距离；

I——电离层延迟；

T——对流层偏差；

O——卫星轨道偏差；

M——多路径效应误差；

ε——接收机噪声；

i、k——卫星标号；

Δ、$\Delta\nabla$——单差及双差因子；

A——主基准站标号；

V——VRS 标号。

在小范围内，可以简化为

$$\phi_{\mathrm{V}}^{k}(\mathrm{VRS})=\varphi_{\mathrm{A}}^{k}+\frac{1}{\lambda}\Delta\rho_{\mathrm{AV}}^{k}+\frac{1}{\lambda}\Delta\nabla S_{\mathrm{AV}}^{ik} \tag{8-2-2}$$

式中：S——空间相关改正数。

可见网络 RTK 观测值的关键是精确计算空间相关改正数 $\Delta\nabla S\varphi$。其具体改正模型有以下三个。

1. MSTIDs 电离改正数模型

电离层改正模型内插公式为

$$\Delta\nabla I_{\mathrm{u}}=\vec{\alpha}\quad\vec{I}=\sum_{i=1}^{n-1}\alpha_i\Delta\nabla I_i(R)+\sum_{i=1}^{n-1}\alpha_i\nabla\Delta I_i \tag{8-2-3}$$

式中：$\vec{I}$——各基准站基线双差电离层延时矢量，$\vec{I}=(\Delta\nabla I_1,\ \cdots,\ \Delta\nabla I_i,\ \cdots,\ \Delta\nabla I_{n-1})$；

$\vec{\alpha}$——各基线对应的内插系数矢量，$\vec{\alpha}=(\alpha_1\cdots\alpha_i\cdots\alpha_{n-1})$。

2. 改进的对流层改正数计算模型

对流层延迟误差受高程方向因子影响显著，当对流层与基准站高程差异达到 900m 时，其区域内插模型的负面值可以达到 6.8cm。为消除上述高程方向模型偏差影响，将对流层模型相对纠正结果引入网络区域内插模型中，建立自主修正高程方向偏差的距离相关模型，即

$$\begin{aligned}\nabla\Delta Tr_u^{ik}&=\sum_{j=1}^{n}\alpha_j\nabla\Delta Tr_j^{ik}(h_u)=\sum_{j=1}^{n}\alpha_j[\nabla\Delta Tr_j^{ik}+dTr(\Delta h_j)^{ik}]\\&=\sum_{j=1}^{n}\alpha_j\nabla\Delta Tr_j^{ik}+\sum_{j=1}^{n}\alpha_j dTr(\Delta h_j)^{ik}\end{aligned} \tag{8-2-4}$$

式中：　u、j——用户和基准站；

i、k——卫星号；

n——网络中基准站数量；

α_j——内插模型系数，$\alpha_j=\dfrac{c_j}{c}$，$c_j=\dfrac{1}{d_j}$，$c=\sum_{j=1}^{n}c_j$；

c_j、c、d_j——各基准站与用户接收机之间的距离。

3. 轨道改正数

轨道改正数法综合利用 IGS 精密预报星历和 GPS 广播星历信息，实现卫星轨道改正数的直接计算和预报，计算公式为

$$\mathrm{CorO_{VRS}} = \nabla\Delta R_{\mathrm{uA}}(\mathrm{brd}) - \nabla\Delta R_{\mathrm{uA}}(\mathrm{igu}) \tag{8-2-5}$$

式中：$\nabla\Delta R_{\mathrm{uA}}(\mathrm{brd})$——广播星历计算的双差几何距离；

$\nabla\Delta R_{\mathrm{uA}}(\mathrm{igu})$——IGS 精密预报星历的几何距离。

通过相位观测值和各改正数计算获得基本网络 RTK 解算结果。

以上为网络 RTK 基本计算公式，但是实际计算差分改正数包括 $\Delta\nabla S_{\varphi}$、内插模型系统等，还需要网络 RTK 解算模型。

（二）网络 RTK 技术方法

根据技术类型的不同，网络 RTK 主要采用以下几种技术方法。

1. VRS 技术

VRS（Virtual Reference Stations）技术，全称虚拟参考站技术，是由 Herbert Landau（兰道）博士提出的基于 VRS（Virtual Reference System）理论的虚拟参考站系统，并由 Spectra/Terrasat 公司推向市场的模型。Trimble VRS 系统是一个集 GPS 硬件、软件和网络通信技术于一体的新型系统。

VRS 工作原理和流程如下。

（1）各个参考站通过 Internet 连续不断地向数据控制中心传输 GPS 卫星观测数据。

（2）控制中心实时在线解算网内各基线的载波相位整周模糊度值和建立误差模型。

（3）流动站将单点定位或 DGPS 确定的位置坐标（NMEA 格式），通过无线移动数据链路（如 GSM/GPRS、CDMA）传送给数据控制中心，控制中心在流动站附近位置创建一个虚拟参考站，通过内插得到虚拟参考站各误差源影响的改正值，并以 RTCM 格式通过 NTRIP 协议发给流动站用户。

（4）流动站与虚拟参考站构成短基线。流动站接收控制中心发送的虚拟参考站差分改正信息或者虚拟观测值，进行差分解算得到用户厘米级的定位成果。

VRS 基本工作流程如图 8-2-2 所示。

在 CORS 覆盖区域内，每一个流动站都对应着一个不同的 VRS（虚拟参考站）。所以，存在许多个 VRS。VRS 网络 RTK 解算模式下，流动站到虚拟参考站（VRS）保持在一定的距离，从而 RTK 固定解的比例误差部分可以忽略不计，只余固定误差部分。采用 VRS 技术，实现了在 CORS 系统覆盖区域内，网络 RTK 精度的均衡化，并提高了 RTK 收敛速度及 RTK 固定解的可靠性。

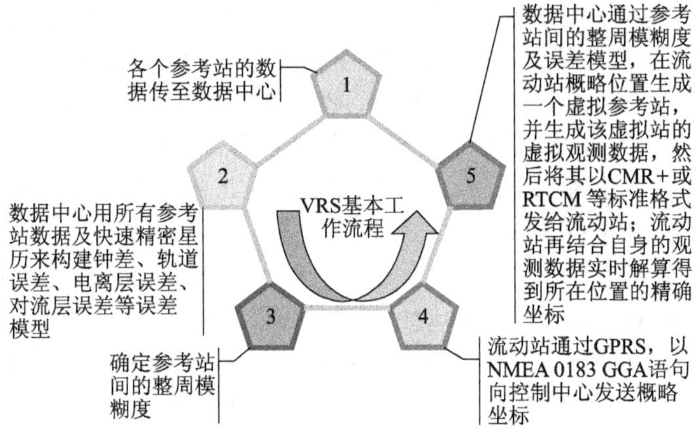

图 8-2-2　VRS 作业模式流程图

VRS 技术的优势：系统在 DGPS 准实时点位及事后差分处理的服务半径上与单参考站网模式没有任何差别，但是在 RTK 作业半径方面应该可以得到较大距离的延伸，只要无线电通信或其他数据传输手段能够保证，那么 RTK 的作业半径也有可能达到 30km 以上，未来的潜力甚至可以更大。虚拟参考站技术的另一个优势就是它的成果可靠性、信号可利用性和精度水平在系统的有效覆盖范围内大致均匀，同离开最近参考站的距离没有明显的相关性。其缺点是电离层、对流层的影响只能借助改正模型来修正，改正效果受外界影响较大，不能消除或只能借助其他方法来消除轨道误差的影响。

VRS 技术在国外很早就得到了广泛的推广和运用，是目前全球普及范围最广的网络 RTK 技术。具有代表性是 Trimble VRS 系统，Trimble 公司采用 VRS 解算方法的软件是 GPSNet。另外，Topcon 公司的 TopNet 和我国南方测绘公司的 Venus 也可以采用 VRS 算法进行差分解算。丹麦覆盖全国的 VRS 网络是全球第一个 VRS 网络，1999 年就已建成，经过几年的发展，VRS 网络几乎覆盖了整个欧洲亚洲的网络，包括日本覆盖全境的网络，韩国、新加坡、马来西亚和中国已建系统的大部分也都是选用的 VRS 技术。澳洲的新西兰、澳大利亚、非洲的南非、美洲的美国、加拿大等国也有大片区域为 VRS 网络所覆盖。当前国内各省市在建或建成的 VRS 网络有山西、深圳、成都、天津、北京、上海、武汉、苏州、东莞、青岛等。

2. FKP 技术

FKP 技术采用整体的网络解，对数据用卡尔曼滤波进行非差处理，并将所有参考站每一个观测瞬间所采集的未经差分处理的同步观测值实时地传输给数据处理中心并实时处理，产生一个称为 FKP 的网络地区修正参数，然后将这种 FKP 参数通过扩展的 RTCM 信息发送给所有服务区内的流动站。系统传输的 FKP 参数能够比较理想地支持流动站的应用软件，但是流动站系统必须知道有关的数学模型，才能利用 FKP 参数生成相应的改正数。为了获取瞬间解算结果，每一个流动站需要借助于有关称为“ADV 盒”的外部装置配合流动站接收机的 RTK 作业。

由于采用 FKP 算法的用户需要附加解译设备，所以 FKP 解算的保密性非常好。但是使用比较复杂，对用户流动站要求高，因此普及率较低。目前，全世界只有极少数地区采用 FKP 技术进行差分解算。

3. MAC 技术

MAC（Master Auxiliary Concept）技术是由瑞士 Leica 公司基于“主辅站”概念的参考站技术。主辅站技术的基本要求就是将参考站的相位距离简化为一个公共的整周未知数水平，如果相对于某一个卫星与接收机“对”而言相位距离的整周未知数就被消除了，此时可以说两个参考站具有一个公共的整周未知数水平。网络处理软件的主要任务就是将网络中（或子网络中）所有参考站相位距离的整周未知数归算到一个公共的水平。一旦此次任务得以完成，接着就有可能为每一对卫星接收机及为每一个频率分别计算出弥散性的和非弥散性的误差。弥散性的误差是直接相对于信号的频率，而非弥散性的误差则对所有的频率来说都是相同的。由于频率相关的电离层误差是已知的，因而对所有频率可以表达成完全的改正数。主辅站技术的优势在于支持单项和双向通信，克服以前方法的缺点（如：误差模拟不完善，仅仅使用三个最近的参考站的信息生成网络改正数据，需要双向通信，数据量大且不标准等问题），将成为网络 RTK 的发展目标。为流动站用户提供了极大的灵活性，能够对网络改正数进行简单的、有效的内插，对流动站用户的数量也不限制，提供网络数据是相对真实的参考站，不是虚拟的参考站流动站可以获取参考站网的所有有关电离层和几何形态误差的信息，并以最优化的方式利用这些信息，增强了系统和用户的安全性。

主辅站技术是全球 CORS 采用第二多的网络 RTK 解算方式，主辅站解算技术的主要软件包括 Leica 公司的 SpiderNet 和 Topcon 公司的 TopNet。

主辅站技术的原理如图 8-2-3 所示。

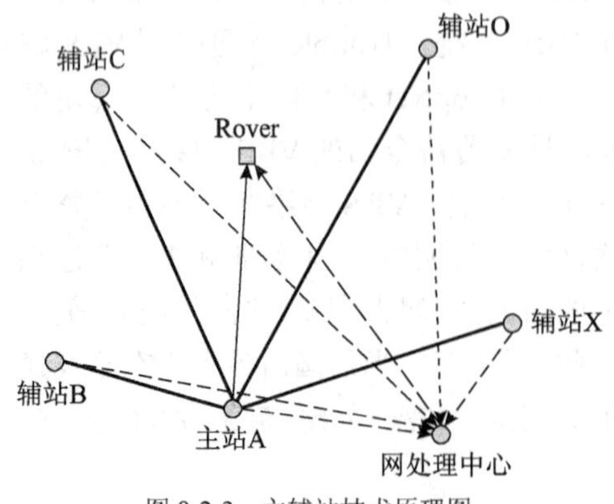

图 8-2-3 主辅站技术原理图

4. CBI 技术

CBI 即综合内插技术，是由武汉大学提出的 CORS 建设技术。CBI 技术是根据双差组合的优点，在基准站计算改正信息时没必要将电离层延迟、对流层延迟等误差都进行区分，并单独计算出来，也没必要将由各基准站所得到的改正信息都发给用户，而是由监控中心统一集中所有基准站观测数据选择计算和插发用户的综合误差改正信息，因为多种误差在主辅站之间存在较强的线性相关性，用综合误差表示双差观测方程中的所有系统误差的综合影响。该技术利用卫星定位误差的相关性计算基准站上的综合误差并内插出用户站的综合误差。该技术的优点是在消除电离层、对流层的误差时，不使用模型，而是由已知误差直接改正，改正效果受外界影响小，根据流动站的位置合理选择基准站，能直接消除或削弱卫星轨道误差与其他误差的影响，在电离层变化较大的时间段和区域内该技术较有优势。

这种方法简单可靠，性能稳定，单向通信可以实现解算，可以采用电波发送的方式，但是需要用户端有解算设备。目前，这种技术还处于评估阶段，未大规模推广。

5. 单基准站网模式

此模式是有限的网络 RTK 技术，原理上与普通 GNSS 作业时的基准站没有太大的区别，每一个基准站服务于一定作用半径内所有的 GNSS 用户，对于长时间静态跟踪数据后处理的用户，借助于接收调频到载波宽带快速网络通信，以及其他数据通信手段提供的 DGPS 伪距差分改正数信息，对于从事准实时定位或实时精密导航的用户来说服务半径可以达到几十千米、几百千米甚至更长一些。至于需要实时给出厘米级定位精度的用户来说，单基准站的服务半径目前可以达到 30km 以上。该方法的优势是，前期投入较少，随时可以升级和扩展，系统灵活、安全、可靠、稳定，不需要任何额外的装置，不需要报告流动站点位的双向数据通信设备，施工周期短。其原理图如图 8-2-4 所示。

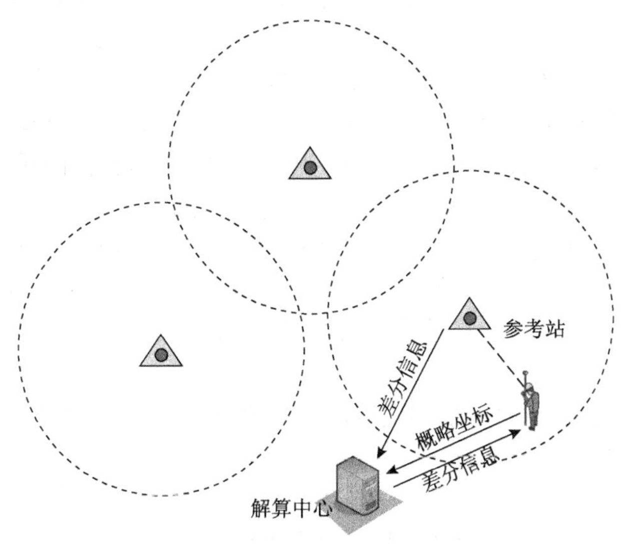

图 8-2-4 单基准站网原理示意图

上述几种网络 RTK 的技术特点不同，对解算精度、稳定性、兼容性、保密性及经济性等方面对比见表 8-2-1。

四种网络 RTK 的技术性特点　　表 8-2-1

内容＼方法	VRS	MAC	FKP	单基站
解算精度	高	较高	高	一般
解算稳定性	高	较高	非常高	一般
兼容性	高	高	低	很高
最少基站数	3	2	3	1
保密性	高	高	很高	低
建设经费	高	高	一般	较低
普及率	高	一般	低	很高

(三)网络 RTK 的特点

目前，我国大多数 CORS 系统建立最主要的是进行网络 RTK 测量，网络 RTK 技术与常规 RTK 技术相比，不论是在作业范围、测量精度、可靠性和高效性方面，都是测量技术的巨大进步。其主要优势体现在以下几方面。

(1)定位精度高。网络 RTK 解算采用多个基准站的数据，能够结合用户位置情况进行差分解算，提高了差分解算精度。

(2)服务范围广。常规 RTK 服务范围一般不超过 10km，且差分精度随站间距离加大而降低。网络 RTK 在网络覆盖范围内任何地点的精度是相同的，差分范围可延伸到网外约 60km。

(3)数据可靠性好。常规 RTK 依靠单基站差分信息，一旦基站出错流动站也跟着出错。网络 RTK 采用多基准站整网解算差分信息，当一个基准站出故障时，系统能够重新组网提供正确的差分信息，确保流动站测量数据的质量。

(4)使用方便。常规 RTK 作业需要加设基站，用户需要两台接收机和相关通信设备，并且需要寻找已知点，使用不方便。网络 RTK 作业都是永久基准站，不需要控制点，用户只需流动站接收机、通信模块加操作手簿即可进行作业。无须架设基准站，省去了野外工作中的值守人员和架设基准站的时间，降低了作业成本，提高了生产效率。

(5)CORS 覆盖区域内，能够实现测绘系统和定位精度的统一，便于测量成果的系统转换和多用途处理。

CORS 技术在产生、发展和推广中，也存在一些不足，主要有以下几个方面。

(1)建设标准不统一。不同国家、不同公司对 CORS 的硬件和软件产品有不一样的要求，数据格式、通信标准等不统一，出现了资源浪费、组网烦琐、重复建设的现象。不同的地区 CORS 系统采用不同的网络 RTK 技术。

（2）市场化程度低。目前，我国许多省市均建立了 CORS 系统，但仅限于少数行业的少数部门或单位使用，跨领域应用和服务极少，市场利用率很低。

三、网络 RTK 基本操作

（一）网络 RTK 作业准备

1. 流动站仪器准备和常规检查

网络 RTK 流动站主要由 GPS 接收机、通信模块和流动站手簿三部分组成。

（1）GPS 接收机包括天线和数据处理装置，主要用于接收卫星信号并将信号转换为标准可用格式，测量型接收机一般可以满足要求。

（2）通信模块用于流动站与 CORS 数据中心的数据通信，能将接收机信息发送到数据中心进行差分解算，同时接收数据中心发回的差分结果。通信模块可以放置在手簿或接收机内，要求能够接入互联网，目前在我国主要是通过 GPRS/CDMA 实现互联网接入功能。

（3）流动站手簿主要用于记录作业数据并装载有设备厂家开发的手簿测绘作业软件。测绘软件是流动站作业核心，用户通过操作手簿里的软件实现差分数据解算、数据记录、数据管理等功能，如 Trimble Survey Controller、华测测地通、南方工程精灵等。

在作业前，首先检查仪器设备的完整性，检查 GPS 天线、通信口、主机接口等设备是否牢固可靠；连接电缆接口是否有氧化脱落或松动；检查数据采集器、接收机等电源是否备足；检查数据采集器内存或储存卡容量能否满足工作需要；检查水准气泡、对中器和基座是否合乎要求；检查接收机的网络参数的正确性，包括通信参数、IP 地址、APN、端口、差分数据格式等。

2. 星历预报与生产计划安排

进行必要的星历预报及电离层、对流层活跃度分析，以避开不利时段，合理制订作业计划，确定满足观测的时间段是获取满足精度要求测量成果的保证，根据星历预报结果制定合理的生产安排能够保证作业顺利开展。查看星历预报登录网址为：http://www.navcomtech.com/Support/Tools/satellitepredictor/main.cfm

中国科学院空间研究环境预报中心网站，可以查看中国大陆地区每天每小时的电离层预报，网址为：http://www.cserf.ac.cn/modules/forecast/forecastTECDAY.php

3. 申请授权和测试

网络 RTK 作业前应确保得到 CORS 管理部门的使用授权，获得相应 ID 和密码，并注意授权的起讫期限。同时要注意检查通信系统的授权流量和时间。与 CORS 网络连接时，网络 RTK 用户应正确输入本人的用户名和密码登录，并选择合适的服务类型。只有在获得 CORS 系统的认证许可之后，才能进行作业。作业前要利用计算机软件或操作手簿对仪器进行必要的测试和设置，进行接收机、手簿控制器及网络控制中心之间的数据链接与传输检查。

（1）网络 RTK 接入 CORS 的必备要素

①接收机支持 VRS：各厂家一些老型号（2007 年以前）的机型，可能硬件上就不支持 VRS 接入，所以在入网前请先向设备提供商详细了解设备情况，确认能够接入时，再办理入网手续。

②具有无线通信功能：流动站设备必须具有通信网络功能，能够进行拨号上网，登录 CORS 系统服务器获取差分数据。有些老型号设备需要添加通信模块。

③必须开通 CORS 账户：在确保设备能够接入 CORS，无线通信正常后，到 CORS 中心申请使用账户。账户信息包括：用户名、密码、APN 接入点、IP 地址、端口、源列表。

④办理专用数据卡：按照测绘保密条例要求，一般 CORS 系统对外发布数据改为 VPN 专网方式，办理专用 GPRSVPN 数据卡，方可正常登录 CORS 进行网络 RTK 作业。

（2）网络 RTK 接入方式分类

目前，网络 RTK 接入 CORS 一般有以下四种方式。

①接收机内置通信模块方式：基本上国产的设备都具有内置通信模块功能，厂家在手簿测量软件里面已经添加了拨号参数的设置功能，用户只需要在里面修改由 CORS 中心提供的各项参数，然后登录就可以了。针对某些品牌或型号的接收机连不上网络的情况，可能需要升级接收机固件或者 GPRS 固件予以解决。

②手簿内置通信模块方式：手簿内置通信模块可以分为全内置和 CF 接口上，网卡扩展内置两类，手簿全内置的可以直接输入拨号参数拨号上网，然后到测量软件里面配置 CORS 的参数，通过 CF 扩展的需要增加一个 CF 接口的 GPRS 无线上网卡才能建立拨号。

③接收机外置通信模块方式：这种方式下，模块厂商一般都会提供模块设置软件，利用设置软件将拨号参数和 CORS 的参数设置给模块，模块通过数据线与接收机连接，手簿测量软件里面配置一下差分数据的输入端口就可以了。

④手簿外接蓝牙手机方式：这种方式是将蓝牙手机作为一个调制解调器用来

上网，手簿与手机蓝牙配对后，在手簿上新建拨号，设置拨号参数建立连接，测量手簿软件配置与手簿内置通信模块的配置基本相同。

（3）网络 RTK 接入 CORS 入网流程

网络 RTK 在使用前必须到所在地区 CORS 中心办理入网许可手续。一般网络 RTK 用户持所在单位介绍信到所在地区 CORS 中心填写 CORS 用户入网申请表，申请表内容主要有：使用单位名称、测绘资质等级、拟入网设备的设备型号及序列号、申请类型（RTK/RTD）、计费方式等。CORS 中心审核批准后，登记用户注册开通信息，登记主要内容有申请单位名称、单位地址、邮编、联系方式、联系人、用户名及用户密码等，向申请单位提供 CORS 中心 IP 地址、端口号、源列表、用户名和密码等信息，开通 CORS 中心数据网，把申请单位网络 RTK 接入 CORS 网。用户单位办理一张手机卡，并开通 GPRS net 流量，可以采用包月的方式，大约 2h 的 GPRS 流量为 1M（与卫星颗数和网络环境有关），可以根据每月的作业时间计算总流量，包月套餐(有的 CORS 中心直接提供手机卡）。

（二）网络 RTK 作业流程

准备工作完成后，即可开始网络 RTK 作业，作业流程一般有以下五个步骤。

（1）安置仪器。对中、整平，连接仪器，丈量天线高。

（2）参数设置。开机观测卫星，打开手簿，通过蓝牙协议（简称蓝牙）或连接线建立手簿与接收机间的通信，启动测量软件，建立新文件，输入仪器高、点号等数据，设置网络 RTK 测量形式的参数。我国 CORS 系统的基准坐标一般是采用的 CGCS2000 坐标，用户在作业前，应根据项目设计的坐标系，进行转换参数的求取。通过已有控制点的平面坐标（80 或 54 坐标）和经过三维约束平差的经纬度坐标求取，如 C 级网坐标成果等。 进行点校正（或转换参数的求取）。点校正选用的控制点必须覆盖测区且不少于 4 个，所选起算点应分布均匀，且能控制整个测区，转换时应根据测区范围及具体情况，对起算点进行可靠性检验，采用合理的数学模型，进行多种点组合方式分别计算和优选，以满足点校正后的平面坐标转换和高程转换残差限差的要求。

（3）连接网络。利用手簿或者接收机上的通信模块，通过中国移动的 GPRS 或中国联通的 CDMA 方式拨号，连接到 Internet 网络，使用网络 RTK 系统管理员提供的用户名和密码，与 CORS 中心通信建立数据连接。

（4）外业测量。通过 Internet 网络连接到网 RTK 系统数据处理中心，获取源列表，等初始化完成，获得固定解后，开始测量采集数据。

（5）数据处理。外业完成后，将手簿或者接收机储存的测量数据下载到计算机进行后续数据处理和图形处理，提供测量成果资料。

网络 RTK 具体操作流程见图 8-3-1。

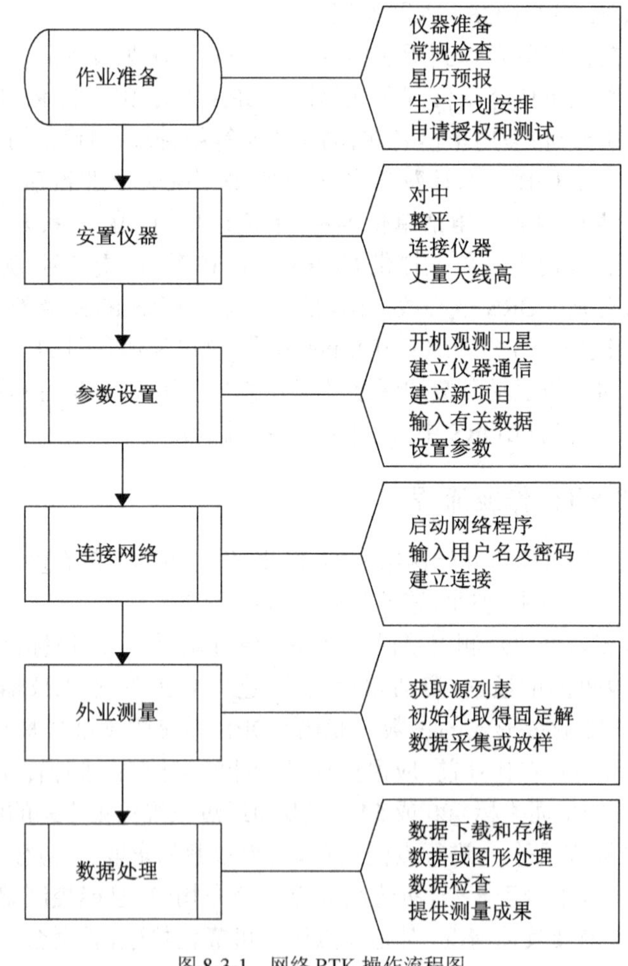

图 8-3-1 网络 RTK 操作流程图

四、网络 RTK 操作实例

目前，国内外仪器厂商众多，各厂仪器的性能及参数虽有差异，即使同一厂家不同时期不同型号的产品，接入 CORS 的方法也不尽相同，但是网络 RTK 操作思路都是一致的。现以国产仪器华测和南方 GNSS 接收机为实例介绍网络 RTK 的具体操作。

(一)华测网络 RTK 操作实例

1. CORS 流动站的设置

(1)第一步:自启动流动站的设置

打开测量手簿,点击[配置]→[手簿端口配置],连接类型选择“蓝牙”,点击[配置],搜索“蓝牙”,绑定主机,点击 [确定],退出测量手簿。打开 HCGpsSet,选中“用蓝牙”,[打开端口],按图 8-4-1 更改接收机的设置。

选择“数据输出方式:正常模式”、“接收机工作模式:自启动流动站”、“自启动数据发送端口:Port2+GPRS/CDMA”,其他一般默认,设置结束后,点击应用。

(2)第二步:获取流动站主机信息

打开测量手簿上的 HCGPRSCE,也可打开计算机 HCGPRS(安装 RTK 软件后,[开始]→[HuaceRTK]→[工具]→[GPRS 设置升级软件]),根据实际工作情况,设置如图 8-4-2 所示。

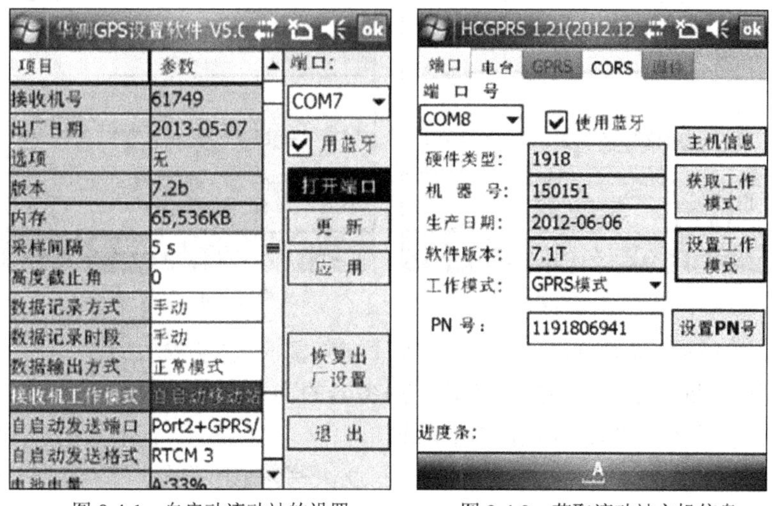

图 8-4-1　自启动流动站的设置　　　　图 8-4-2　获取流动站主机信息

勾选“使用蓝牙”,点击 [主机信息],查看机器号,选择工作模式为“GPRS 模式”,点击设置[工作模式]。设置完成后将接收机关机再重新打开。未进行设置更改则不需关机。

(3)第三步:流动站 CORS 设置和登录

打开测量手簿,选择[配置]→[流动站参数]→[GPRS 网络],输 CORS 的服务器 IP 和端口,通信协议选择“CORS”,输入 CORS 中心的源列表用户名和密码,点击[登录]。界面状态区域会显示“登录成功”。

[源列表]：即 CORS 中心提供的差分数据源，可通过相关软件或咨询 CORS 中心获取源列表；

[用户名]：可以向当地 CORS 中心申请；

[密码]：可向当地 CORS 中心申请；

[GPRS 状态]：登录之前显示“准备就绪”（图 8-4-3）（若显示“没有上线”请检查 SIM 卡和模块情况），登录之后显示“登录成功”（图 8-4-4）；

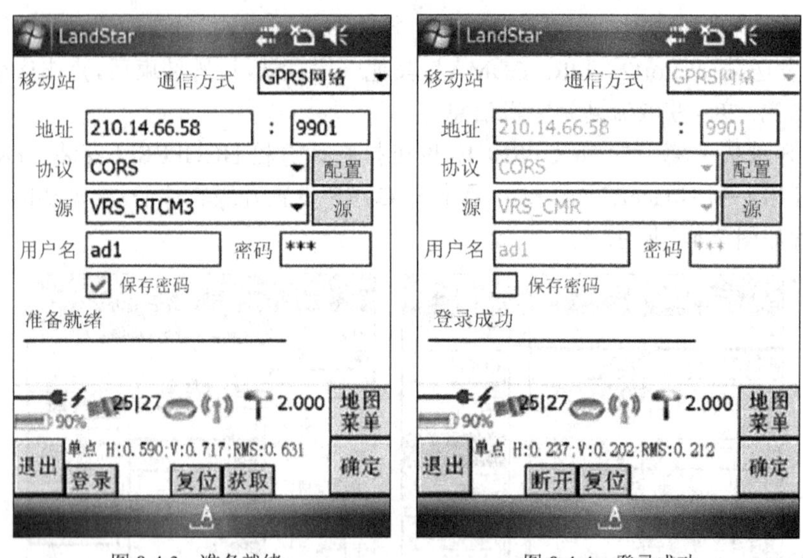

图 8-4-3　准备就绪　　　图 8-4-4　登录成功

[登录]：输好参数点击此按钮，稍等片刻会显示“登录成功”；

[断开]：断开接收机 GPRS 模块和服务器的连接；

[复位]：复位 GPRS 模块，重新上线。

填写时要注意：字母的大小写，是大写就大写，是小写就小写；在输入过程中，不要留空格键。如图提示登录成功后，点击确定，注意所用的 CORS 源列表所对应广播格式，有的是 CMR、有的是 RTCM 等，对于广播格式，在[测地通]→[配置]→[流动站参数]→[流动站选项]，把广播格式统一即可，其他可以默认设置，然后再点击[测量]→[启动流动站接收机]。

流动站收到差分信号后会有一个“单点定位”→“浮动”→“固定”的 RTK 初始化过程。①单点定位——接收机未使用任何差分改正信息计算的 3D 坐标。②浮动——流动站接收机使用差分改正信息计算的当前相对坐标。但对于浮点解来讲，相位的整周模糊度参数未能固定为一整数，而是用浮点的估值来替代它。不建议在此情况下测点。③固定——在 RTK 模式下，整周模糊度参数固定后，流动站接收机计算的当前相对坐标。达到固定解后即可开始测量。RTK 初始化过程根据卫星 PDOP 值、周围环境、基站距离，时间或长或短，正常一般自开机 90s 左右。流动站在固定状态下即可进行网络 RTK 测量。

2. 网络 RTK 点校正

网络 RTK 点校正和常规 RTK 坐标、高程转换原理相同，操作也基本相同。现对四参数和七参数转换操作进行介绍。

（1）四参数转换

在选取校正点时，对平面坐标转换而言，要根据测区范围的大小，所选的点要能够覆盖整个测区，要有足够的控制点；对于高程要特别注意控制点的分布，特别是大范围的线路测量；注意坐标系统，中央子午线，投影面（特别是海拔比较高的地方），控制点与放样点是否是一个投影带；如果一个区域比较大，控制点比较多，要分区做校正，不要一个区域十几个点或更多的点全部参与校正；注意所有残差，满足规范要求，否则检查控制点是否有误。

现以华测中绘系列 GNSS 接收机操作为例，假设一个测区内有 K4、K5、K7 三个已知点具有地方坐标，但不具有 WGS84 坐标，已知条件如下。坐标系统：北京 54 坐标系，中央子午线：120°，投影面大地高：0，已知点数据：

K4　X: 46323.456　Y: 1415.201　h: 116.345

K5　X: 39868.970　Y: 4397.852　h: 109.932

K7　X: 40713.658　Y: 3917.956　h: 108.419

①第一步：先确定坐标系统

打开测量手簿，［配置］→［坐标系管理］，根据已知点选取所需要的坐标系（图 8-4-5），一般来说地方坐标系也是用北京 54 椭球，主要是修改中央子午线（标准的北京 54 坐标系一定要根据已知点坐标计算出 3° 带或 6° 带的中央子午线），而［基准转换］、［水平平差］、［垂直平差］都无须设置，当点校正后参数将自动保存到此处（图 8-4-6）。

②第二步：新建保存任务

打开测量手簿，［文件］→［新建任务］，输入任务名称，选择跟已知点相匹配的“坐标系统”，如“北京 54 坐标系”或“西安 80 坐标系”，点击［确定］，再打开［文件］→［保存任务］（图 8-4-7）。

③第三步：键入已知点

打开测量手簿，［键入］→［点］，输入已知点 K4 坐标（图 8-4-8），控制点打上勾，点击［保存］。再继续输入 K5、K7 的已知点坐标。

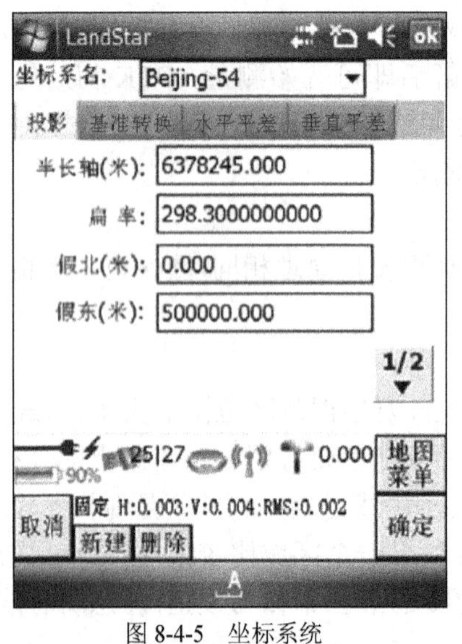

图 8-4-5 坐标系统

图 8-4-6 投影参数

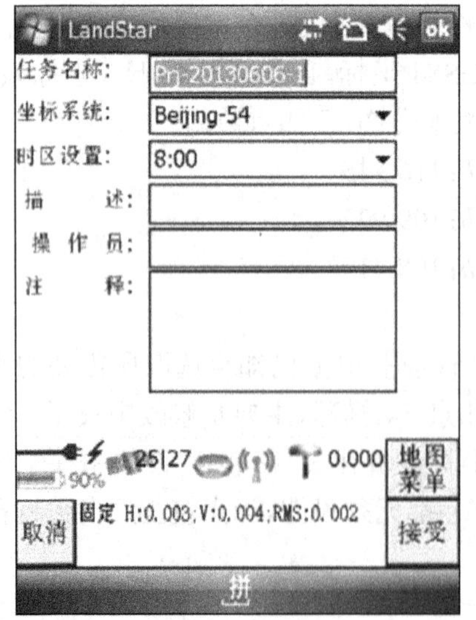

图 8-4-7 保存任务

图 8-4-8 键入已知点

④第四步:进行点校正

测量已知点,找到 K4、K5、K7 的实地位置,选择[测量]→[测量点],输入天线高度和测量到的位置,测量出三个点的坐标,分别命名为 K4-1、K5-1、K7-1,三个点必须在同一个基准站坐标 BASE 下,测量后开始进行点校正。校正方法:[测量]→[点校正]。点击[增加],在网格点名称和 GPS 点名称两项控件中分别选中已知当地平面坐标 K4 和实测的 WGS84 坐标 K4-1,校正方法选中“水平和垂直”。如图 8-4-9 所示。点击[增加],依次分别加入校正点 K5、K7 和 K5-1、K7-1。

点击[计算]得出校正参数,再点击[确定](会出现两个对话框,第一个提示是否将当前坐标系替换成校正后的坐标系,第二个提示是否将所有的坐标系都替换成校正后的坐标系统,一般两个都默认点击 [确定]),完成校正。查看残差显示见图 8-4-10。有三个或三个以上控制点参与平面“点校正”后才有水平参差,水平参差一般不要大于 0.015m;有四个或四个以上的控制点参与垂直“点校正”后才有垂直参差,垂直参差一般不要大于 0.02m。点校正结束后,就可以直接进行测量工作了。

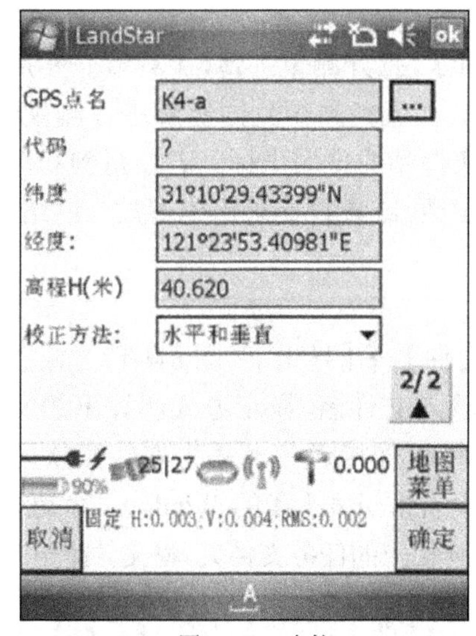

图 8-4-9 点校正

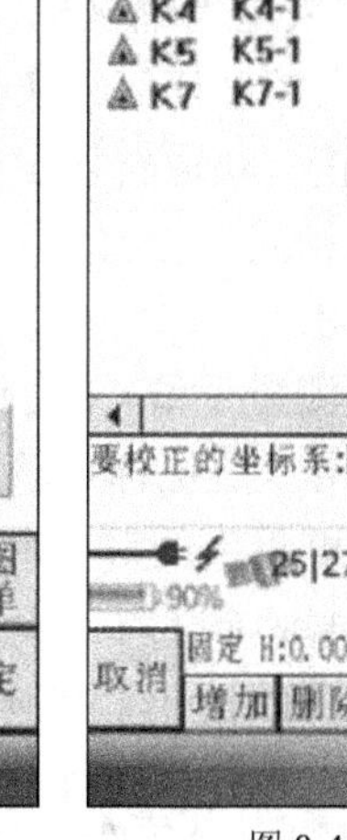

图 8-4-10 残差显示

(2)七参数转换

假设一个测区的七参数资料如下:

坐标系统:北京 54 坐标系;半径 R:6378245.000

扁率 $1/e$:298.3

投影参数:中央子午线:121°

原点: 0

Y 加常数 =0

X 加常数 =-3400000.000m

七参数:ΔX=170.000m ΔY=150.000m ΔZ=100.000m

R_X=1.666666s R_Y=0.872222s R_Z=-8.648888s

K=0.99999814

①第一步：确定坐标系统

打开测量控制器，[配置]→[坐标系管理]，在[投影]和[基准转换]→[七参数]，根据以上数据对应建立坐标系及输入七参数，见图 8-4-11，而 [水平平差]、[垂直平差]都选无即可，确定后参数保存到此处。

②第二步：新建保存任务

在[文件]→[新建任务]，新建任务建立新文件，选择与已知点相匹配的“坐标系统”，点击接受，再打开[文件]→[保存任务]。同图 8-4-7。

保存好任务之后，点击[测量]→[点测量]，就可以进行测量工作了。

3. 网络 RTK 测量

流动站在固定状态下就可以进行测量了，打开测量手簿，[测量]→[点测量]，在实际作业过程中，一般都采用当地坐标，在流动站得到固定解进行测量时，手簿“测地通”里所记录的点是未经过任何转换得到的平面坐标。若要得到和已有成果相符的坐标，需要做“点校正”，获取转换参数，或者直接采用七参数。网络 RTK 的测量同常规 RTK 测量基本相同。

4. 网络 RTK 数据导出

测量作业完成后，打开测量手簿，[文件]→[导出]（图 8-4-12），根据所需要的格式，导出坐标，一般选用“点坐标”，输入文件名，显示方式和导出的文件类型一般选用默认，导出数据，再将手簿和计算机连接通信（需先安装微软同步软件或 USB 驱动），打开我的计算机的[移动设备]，进入[我的 Windows 移动设备]→[ProgramFiles]→[RTKCe]→[Projects]，找到相应的任务文件夹，将文件拷出来即可。

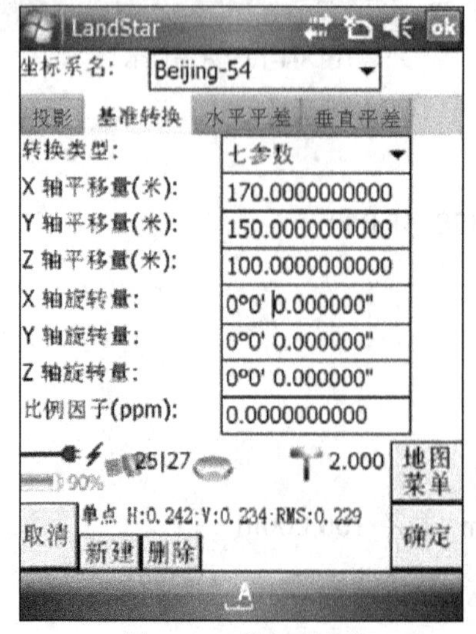

图 8-4-11 输入七参数

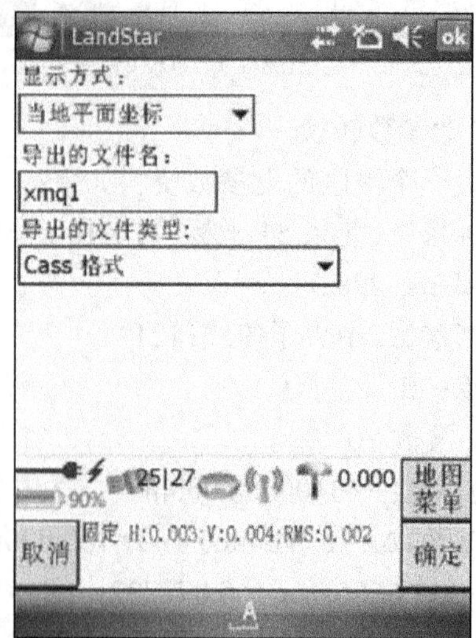

图 8-4-12 测量格式设置

(二)南方网络 RTK 操作实例

1. 连接主机和手薄

打开主机和手薄,双击运行工程之星程序(首次运行桌面上可能没有相应的快捷方式,可以到设备中的“flash disk\setup\”目录下查找,之后便可以在桌面上直接运行),默认情况下软件会自动进行蓝牙连接,如果弹出提示窗口:“端口打开失败,请重新连接”,这时只需点击设置菜单下的连接仪器,然后用光笔点中输入端口项,文本框中输入“7”(数字 7 取决于蓝牙搜索设备后随机分配的端口号,可以在蓝牙管理器中查看到),然后点击[连接]按钮,就可以轻松连接手薄和主机。连接成功后,软件有一个自动搜索过程,搜索完毕后,如果是网络 RTK,屏幕左上角会有个“R”标志,这时“设置”菜单中才会显示“网络连接”,否则会显示“电台设置”。如果显示“无数据”,表明蓝牙没有连接(或者是运行了两次工程之星程序),这时请检查蓝牙设置或重新连接。

2. 新建工程

一般情况下,新建工程只需要输入工程名和中央子午线,转换参数可以暂时不理。运行工程之星,软件默认打开上一次工程文件。

3. 配置网络参数(注:此设置只需初始时设置一次即可,无须反复设置。)

当手簿与 GPS 主机(GPRS 模块)连通之后,手簿读取了主机的模块类型,则“设置”下拉菜单下面“电台设置”功能自动变为“网络连接”,如图 8-4-13 所示。

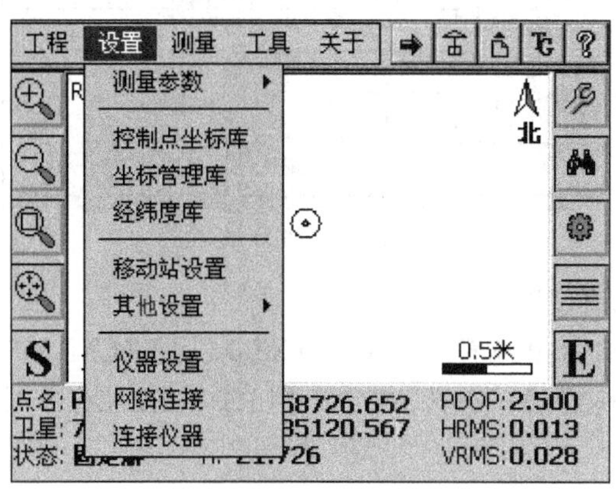

图 8-4-13　设置菜单

点击网络连接出现界面如图 8-4-14 所示。

点击“设置”后显示界面如图 8-4-15 所示。

连接方式根据手机卡类型选择 GPRS 或 CDMA,模式选择 VRS-NTRIP,然后输入 IP 地址、域名、端口、用户名和密码,设置完成后点击设置按钮,提示设置成功后退出即可。该设置只需要输入一次,以后无须重复设置。使用江苏省 CORS 系

统，该参数一般为

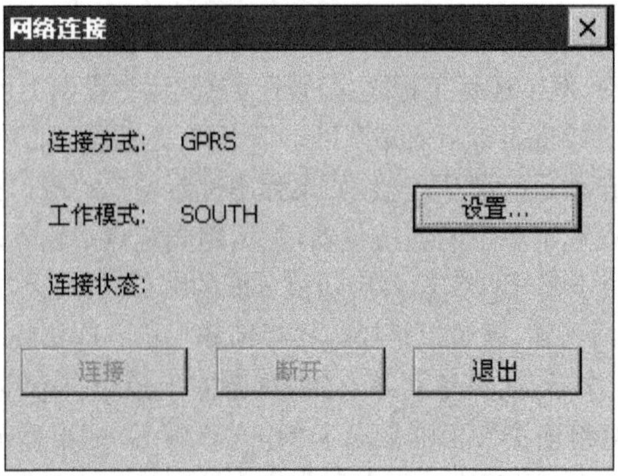

图 8-4-14　网络连接

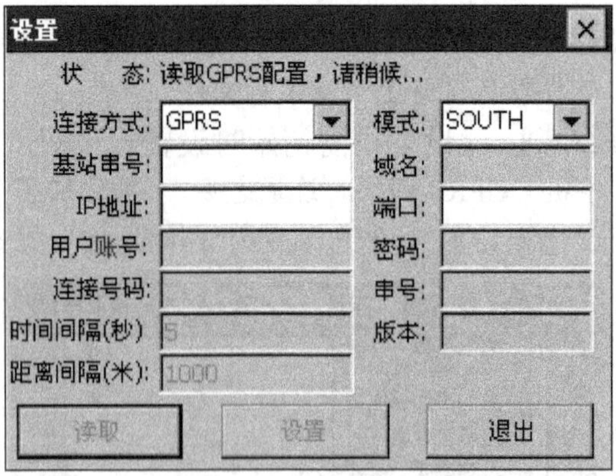

图 8-4-15　网络连接设置

（1）IP：58.213.159.132

（2）域名：RTCM1819 或者 RTCMiMAX3.0（用 RTCM1819 时需要把设置菜单下流动站设置中的差分格式改为 RTCM，用 RTCMiMAX3.0 时需要改为 RTCM3，如图 8-4-16 所示）

（3）端口：48665

用户名和密码请联系 CORS 中心自行申请。

此时软件上的网络参数已设置完毕，只要参数设置正确，一般情况下用户很快就可以看到读取的基站距离，同时很快就可以看到屏幕左上角基准站播发的差分信息。

网络 RTK 依托无线网络进行数据传输，有时很久都收不到差分信息，这时用户要学会从以下几方面进行常见问题的诊断和处理。

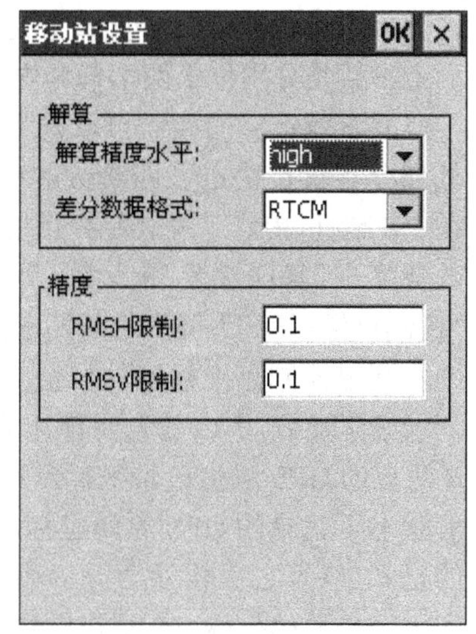

图 8-4-16　解算精度设置

（1）通过设置菜单下的网络连接中的设置，进行网络参数读取，查看参数设置是否正确。

（2）查看设置菜单下的流动站设置，检查差分格式是否正确。

（3）检查手机卡是否欠费（如为新卡检查所开通的上网业务是否为 NET 方式，而不是 WAP 方式）。

（4）检查所使用 GPRS 或 CDMA 网络是否覆盖作业区域。

如果用户可以收到差分信息，一直处于浮点解，无法达到固定解：

（1）检查作业地区的网络是否稳定，网络延迟是否严重。

（2）检查可用卫星分布及状态是否满足要求。

（3）检查流动站离主参考站的距离是否过远。

（4）检查作业地区周围是否有较大的电磁场干扰源。

（5）如果没有上述问题则重新启动主机重新初始化。

（6）如经过以上检查仍然有差分信息但无法固定请联系 CORS 中心。

4. 求转换参数

如果用户已经获得工作区域的参数，可以在设置菜单下的测量参数中进行输入即可。如图 8-4-17 所示。

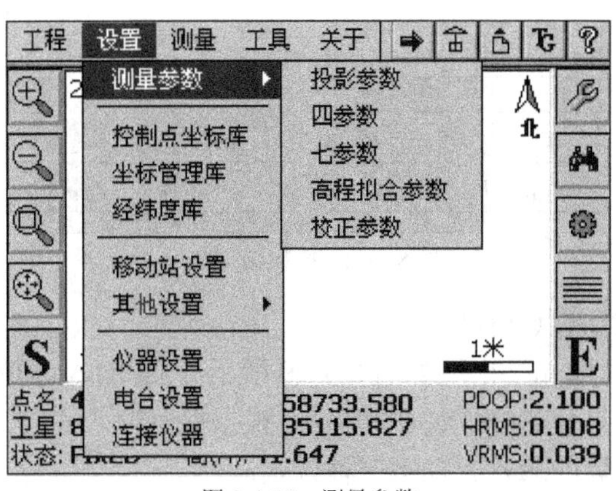

图 8-4-17　测量参数

如果用户没有转换参数时，就需要用控制点来求，转换参数有四参数和七参数之分，两者只能用其一，四参数是同一个椭球内不同坐标系之间进行转换的参数，而七参数是分别位于两个椭球内的两个坐标系之间的转换参数。

四参数计算的控制点原则上至少要用两个或两个以上的点，控制点等级的高低和分布直接决定了四参数的控制范围。经验上四参数理想的控制范围一般都在 5~7km 以内。工程之星提供的四参数的计算方式有两种：一种是利用“工具 / 参数计算 / 计算四参数”来计算，另一种是用“控制点坐标库”计算。下面仅以常用的“控制点坐标库”为例来求解四参数。

利用控制点坐标库的做法大致是这样的：假设我们利用 *A*、*B* 这两个已知点来求校正参数，那么首先要有 *A*、*B* 两点的 GPS 原始记录坐标和测量施工坐标。*A*、*B* 两点的 GPS 原始记录坐标可以是 GPS 流动站没有任何校正参数起作用的固定解状态下记录的 GPS 原始坐标。其次，在操作时，先在控制点坐标库中输入 *A* 点的已知坐标，之后软件会提示输入 *A* 点的原始坐标，然后再输入 *B* 点的已知坐标和 *B* 点的原始坐标，录入完毕并保存后（保存文件为 *.cot 文件）控制点坐标库会自动计算出四参数（*.cot 文件可以在不同的工程中直接调用）。

具体操作就是去两个或两个以上控制点，在固定解状态下按手薄的快捷键 A 采点，然后便可以依照以如图 8-4-18 所示来求。

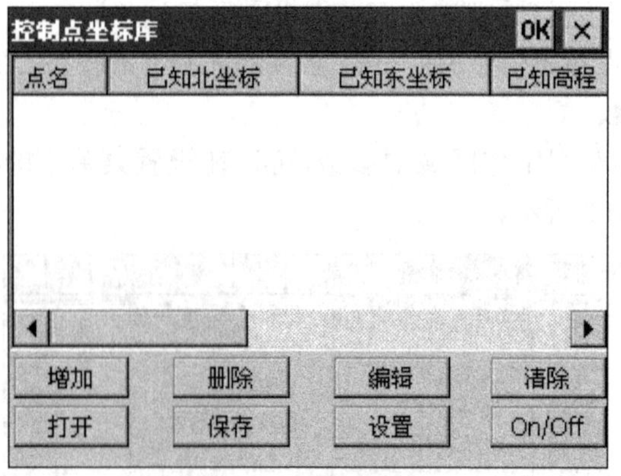

图 8-4-18　控制点坐标库

操作：设置→控制点坐标库

打开之后单击“增加”，出现如图 8-4-19 所示界面，输入已知坐标点。

软件界面上有具体的操作说明和提示，根据提示输入控制点的已知平面坐标，控制点已知平面坐标的录入有以下三种方式：

（1）通过键盘直接按照提示录入。

（2）坐标管理库录入。点击“▤”，将会弹出坐标管理库对话框，从坐标管理库中选择已经录入的控制点已知坐标。

（3）测量图录入。点击“”是从测量界面上选取已经测量的点后，软件会自动录入该点的测量坐标，在此很少会用到此功能）。

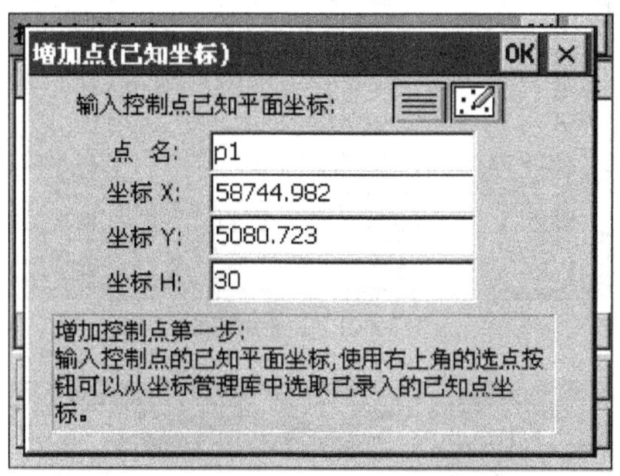

图 8-4-19　输入控制点坐标数据

控制点已知平面坐标输入完毕之后，单击右上角的OK（点击×则退出）进入如图 8-4-20 所示界面。

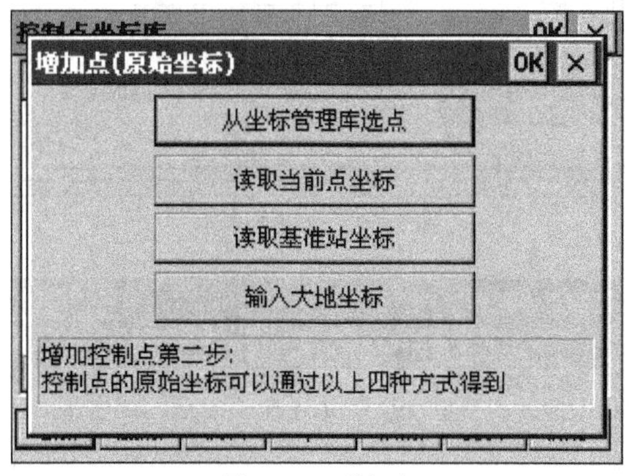

图 8-4-20　增加点

单击“从坐标管理空中选点”，新建工程坐标管理库中会没有点显示，这时需要点击导入按钮将所测控制点原始坐标导入到坐标管理库（导入的文件名为工程名 .RTK 文件），然后选中和所输入已经点对应的点，然后确定，之后增加下一个控制点的已经坐标，直到所有点完成匹配。如图 8-4-21 和图 8-4-22 所示。

所有的控制点都输入以后，向右拖动滚动条查看水平精度和高程精度，检查“水平精度”和“高程精度”是否满足精度要求。如图 8-4-23 所示。

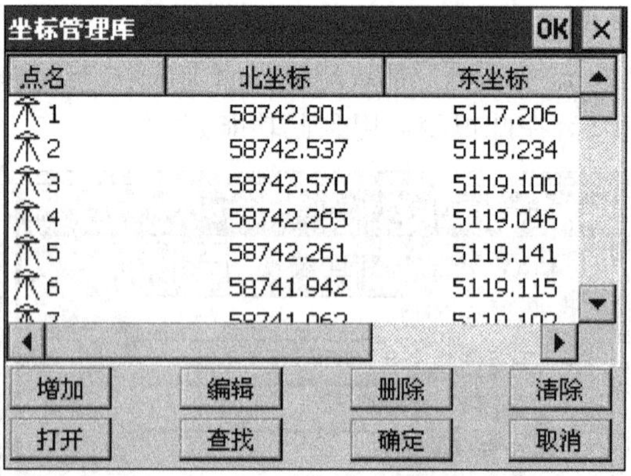

坐标管理库
OK
点名
北坐标
东坐标
1 58742.801 5117.206
2 58742.537 5119.234
3 58742.570 5119.100
4 58742.265 5119.046
5 58742.261 5119.141
6 58741.942 5119.115
增加
编辑
删除
清除
打开
查找
确定
取消

图 8-4-21 控制点列表

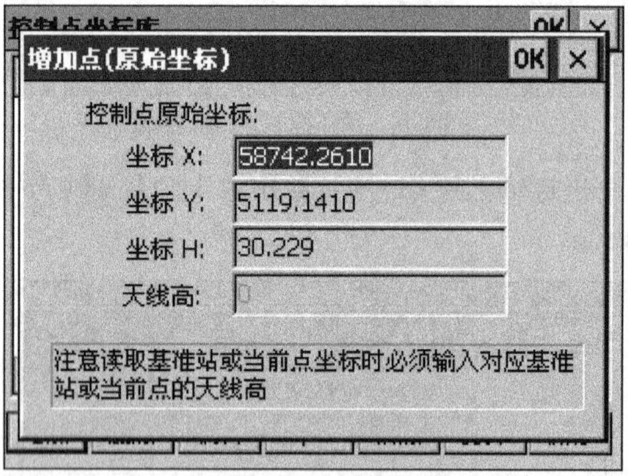

增加点(原始坐标)
OK
控制点原始坐标:
坐标 X: 58742.2610
坐标 Y: 5119.1410
坐标 H: 30.229
天线高: 0
注意读取基准站或当前点坐标时必须输入对应基准站或当前点的天线高

图 8-4-22 查看控制点

控制点坐标库
OK
原始高程 水平精度 高程精度 使用水平 使用高程
30.229 0.000 0.008 Y Y
33.254 0.000 -0.008 Y Y
增加
删除
编辑
清除
打开
保存
设置
On/Off

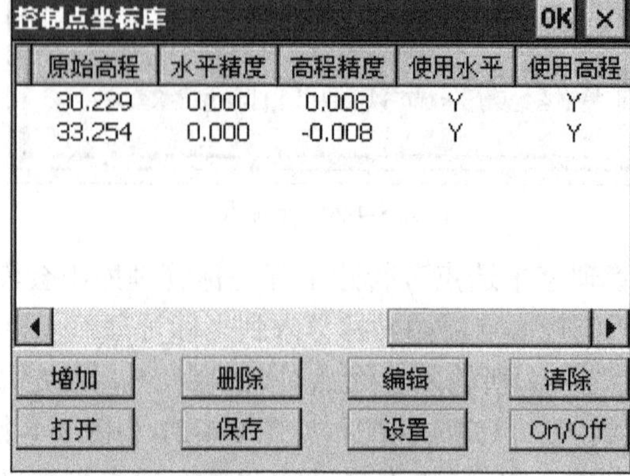

图 8-4-23 控制点精度

查看确定无误后，单击[保存]，出现如图 8-4-24 所示界面。

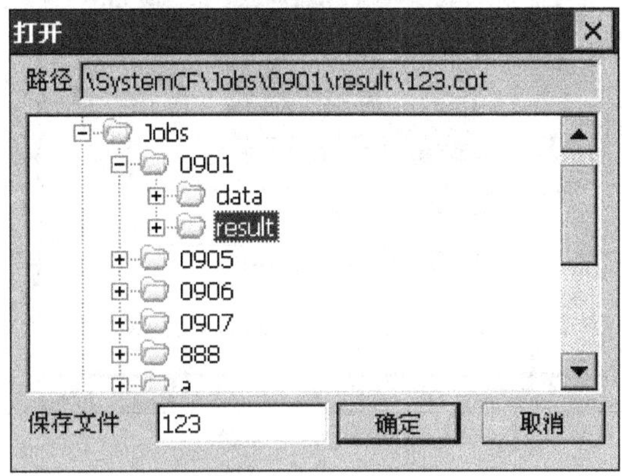

图 8-4-24　文件保存路径

选择参数文件的保存路径并输入文件名，完成之后单击[确定]出现如图 8-4-25 所示界面。

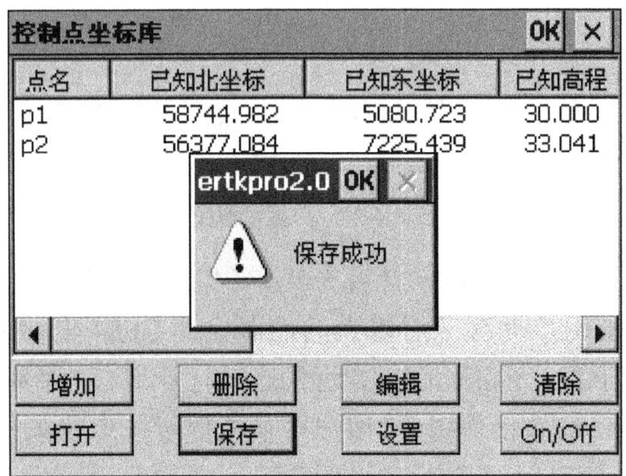

图 8-4-25　控制点保存成功

然后点击应用按钮，参数就会自动应用到当前工程中。之后可以在[设置]→[测量参数]→[四参数]查看四参数。如图 8-4-26 所示。

七参数计算时至少需要三个公共的控制点，且七参数和四参数不能同时使用。七参数的应用范围较大（一般大于 $50km^2$），计算时用户需要知道三个已知点的地方坐标和 WGS84 坐标，即 WGS84 坐标转换到地方坐标的七个转换参数。

需要注意的是，三个点组成的区域最好能覆盖整个测区，这样的效果较好（如图 8-4-27）。

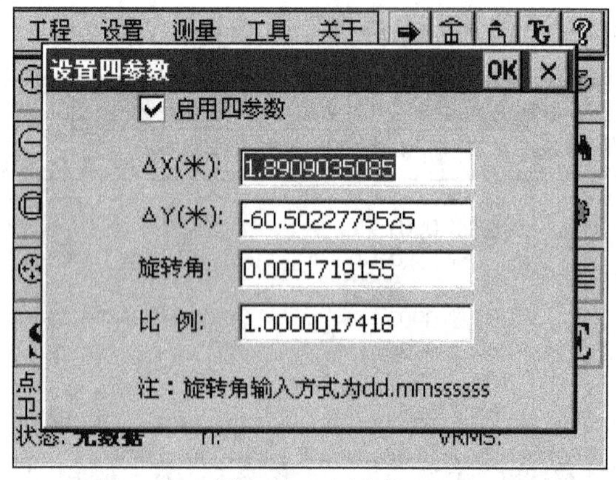

图 8-4-26 四参数

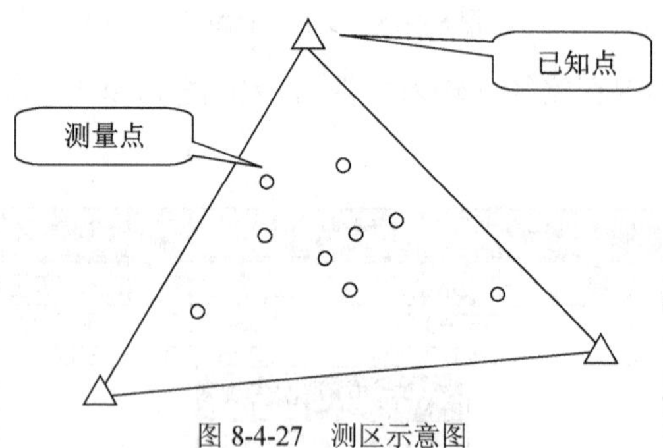

图 8-4-27 测区示意图

工程之星提供了一种七参数的计算方式，在“工具 / 参数计算 / 计算七参数”中可以进行求解。如果用户拥有三对以上的控制点 WGS84 坐标和地方坐标，可以直接输入用软件进行计算。否则，可以实地采点进行计算，软件具体操作和求解四参数时相似，每一步软件会有操作提示，用户可参考提示按步骤求解，在此不再赘述。

参数求好之后，便可以开始正常的作业了。在作业过程中，可以随时按两下字母“B”键，进行测量点查看。

5. 外业测量

外业测量和放样同常规 RTK。

6. 成果输出

操作：[工程]→[文件输出]

说明：测量完成后，要把测量成果以不同的格式输出（不同的成图软件要求的数据格式不一样。例如，南方测绘的成图软件 CASS 的数据格式为：点名，属性，*Y*，*X*，*H*）。如图 8-4-28 所示。

打开“文件输出后”，在数据格式里选择需要输出的格式，如图 8-4-29 所示。

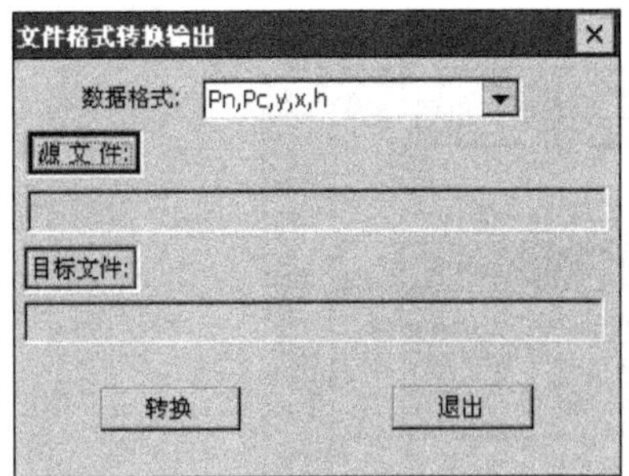

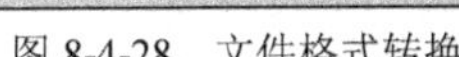
图 8-4-28　文件格式转换

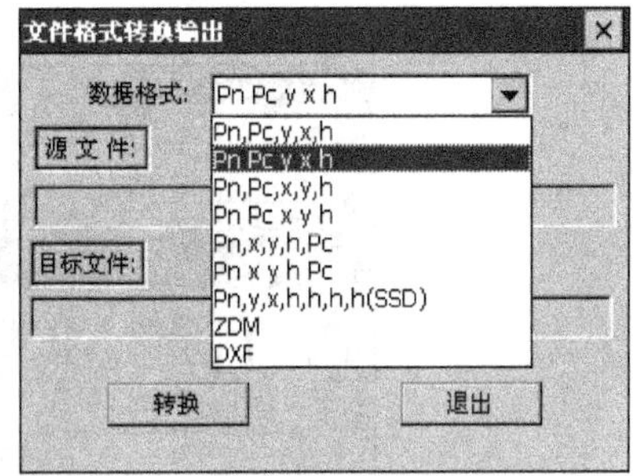

图 8-4-29　数据格式

选择数据格式后，单击 “源文件”，选择需要转换的原始数据文件，如图 8-4-30 所示。

然后单击确定，出现如图 8-4-31 所示界面。

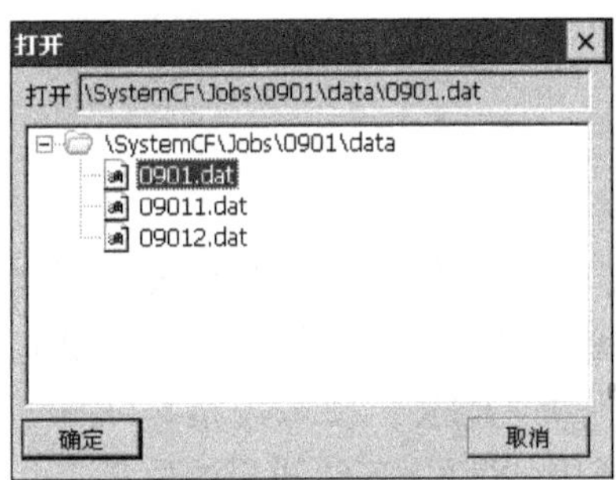

图 8-4-30　选择源文件

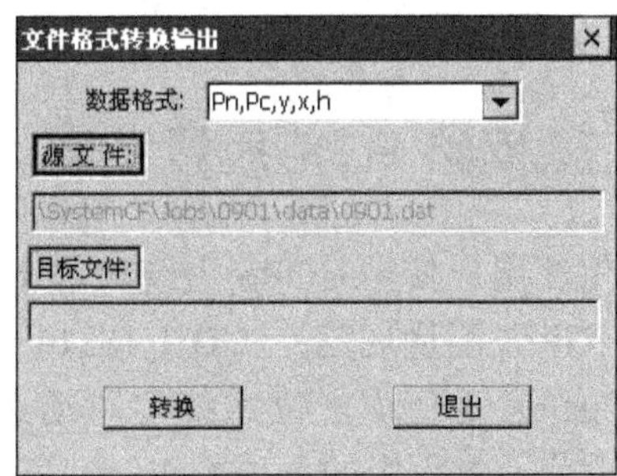

图 8-4-31　文件格式转换输出

此时单击“目标文件”，输入转换后保存文件的名称（不要和已有文件重名），如图 8-4-32 所示。

然后单击“确定”出现如图 8-4-33 所示界面。

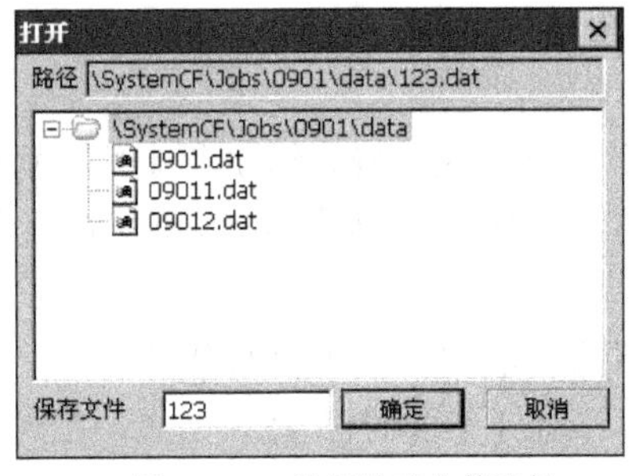

图 8-4-32　选择输出文件路径

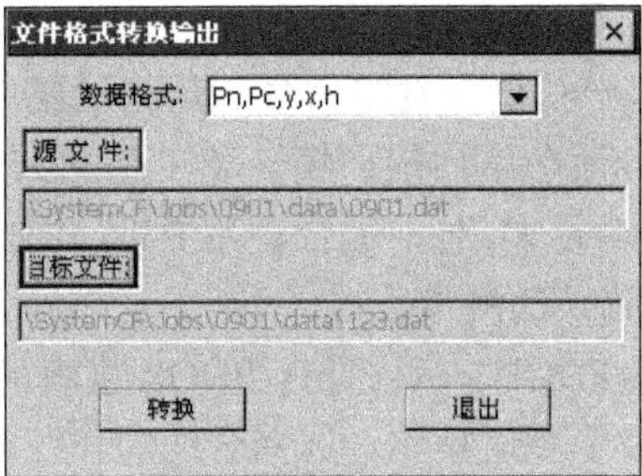

图 8-4-33　文件转换

最后单击"转换",出现如图 8-4-34 所示的界面,则文件已经转换为所需要的格式。

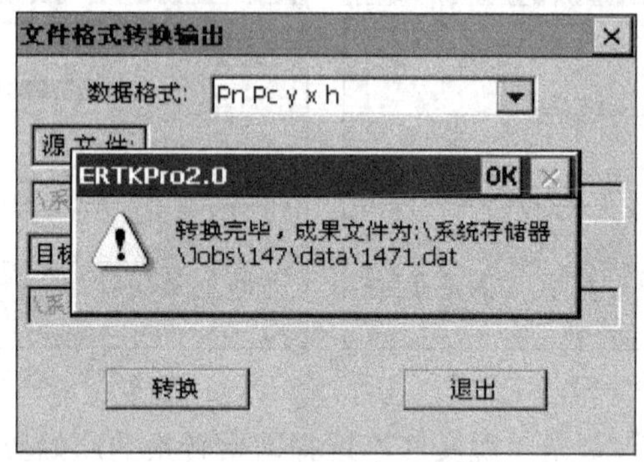

图 8-4-34　文件转换成功

然后去系统文件夹下找到"工程文件夹",打开 data 文件夹,找到转换后的文件,把该文件复制到 SD 卡上即可。

五、网络 RTK 质量控制

为保证用户使用 CORS 系统获得精度可靠的数据,用户作业要依据《全球定位系统(GPS)测量规范》(GB/T 18314—2009)和《卫星定位城市测量规范》(CJJ/T 73—2010)、《全球定位系统实时动态测量(RTK)技术规范》(CH/T 2009—2010),就作业过程中的各项操作,加以正规化,以确保测绘成果的质量。

(一)网络 RTK 质量影响因素

网络 RTK 和第二章中介绍的 RTK 误差分析因素相同,但有其不同的特点和重点,主要有以下几方面因素。

(1)移动网络信号。一般在城市地区网络信号较好,在山区信号较差,作业前应进行测试,确保网络信号满足测量要求。

(2)流动站周围环境。和单基站 RTK 作业方式一样,流动站周围环境对测量精度影响较大,对不适合使用 RTK 作业的环境内不能勉强进行,避免出现可靠性差甚至错误的测量数据。

(3)PDOP。应保证在 PDOP 值满足规范要求的情况下进行作业。

(4)卫星信噪比。选择合适的作业时间,避开不利时间段。

(5)参考站距离。

（6）接收机性能。

因此，在作业过程中要尽量减小以上因素对观测成果的不利影响。在CORS系统能有效地覆盖的区域是网络RTK的作业区，网络RTK测量不宜超出此区域。确有需要在区外进行网络RTK测量时，应适当进行检测。网络RTK测量直接获得的是WGS84大地坐标，并视为CGCS2000国家大地坐标。CORS网络RTK测量有的使用城市独立坐标系、1980年西安坐标系或1954年北京坐标系等坐标系统时需进行坐标转换。CORS网络RTK测量使用1985年国家高程或1956年黄海高程等高程系统时需进行高程转换。

GPS高程测量按作业过程应分为高程异常模型的建立、GPS测量和高程计算三部分。高程异常模型可利用已有模型或根据需要单独获取。区域似大地水准面精化模型可直接应用于GPS高程测量。

（二）质量控制方法

1. 初始化要求

（1）初始化时应符合下列条件。

PDOP值小于或等于6;卫星高度截止角大于或等于15°;有效的观测卫星数大于或等于6颗;GPS接收机、手簿控制器及网络控制中心之间的链接正确;观测站不宜在隐蔽地带、成片水域和强电磁波干扰源附近。

（2）初始化时问题的处理

在长时间不能获得固定解时，应断开通信链接，重启GPS接收机再次进行初始化操作。重试次数超过3次仍不能获得初始化时应取消本次测量，对现场观测环境和通信链接进行分析，可选择现场附近观测和通信条件较好的位置重新进行初始化操作，同时将现场情况向CORS运营中心通报。用户可采用静态测量的方式，至少观测10min时间，进行静态数据后处理。

（3）在测量前，要坚持“首次固定不记录，二次固定再记录”。避免流动站接收机首次锁定卫星获得初始化后，获得错误的整周模糊度，影响测量结果。

2. 不同等级控制点的要求

（1）原则

测量时要整平对中，控制点测量时采用摆设脚架，基座对中整平，碎步点可以采用对中杆对中整平；每个点至少采用一个测回的测量次数；每个测回应进行独立初始化，每测回的历元观测数不少于10个，且取其平均值作为该测回的观测值；测回间的间隔超过60s；测回间的平面坐标分量较差小于或等于2cm，垂直坐标分量较差小于或等于3cm。

(2)一、二级控制点观测要求

网络RTK控制点的选点应满足以下要求。

①点位所在的区域应被中国移动网络信号有效覆盖,确保接收机能够通过GPRS或GSM方式稳定地连接CORS网络。

②点位所在的位置应在CORS范围内。

③点位视野开阔,视场内连续障碍物的高度角不宜大于15°。

④点位远离微波塔、发射天线等大功率无线电发射源200m以上,远离高压输电线路100m以上。

⑤点位远离金属、水面等反射电磁波信号强烈的物体50m以上。

⑥点位不应选择在大树下。

⑦交通方便,并有利于其他测量手段的扩展。

利用网络RTK技术施测一、二级GPS控制点时,必须采用脚架对中的方式;天线高的量测应精确到毫米,开始作业前天线高应重复量测两次,两次较差小于3mm取其平均值,否则重新对中整平仪器。测后应再次量测天线高,量测值与测前平均值较差大于3mm时,必须重新进行观测;所有的观测均应在RTK固定解稳定收敛后进行。执行"首次固定不记录,二次固定再记录";每点应观测四个测回,每测回应观测两次,每次需重新初始化,每次至少采集数据30个历元;观测点的最终成果为各测回的平均值。

(3)图根控制点观测要求

利用网络RTK技术施测图根控制点时,应采用脚架对中的方式;所有的观测均应在RTK固定解稳定收敛后进行。执行"首次固定不记录,二次固定再记录";每点应观测2个测回,每测回应观测两次,每次需重新初始化,每次至少采集数据15个历元;观测点的最终成果为各测回的平均值。

(4)碎部点观测要求

利用网络RTK技术施测碎部点时,流动站对中杆的圆气泡必须严格稳定居中;所有的观测均应在RTK固定解稳定收敛后进行。执行"首次固定不记录,二次固定再记录";每点需观测一个测回,每次至少采集数据15个历元;观测点的最终成果为各测回的平均值。

3. 质量检查方法

(1)外业检查

RTK控制点很大程度是为满足图根导线布设需要,所以在应用中,建议采用全站仪作为RTK测量结果检测的辅助观测手段进行。全站仪观测RTK对点的边长、高差以及3个点以上互为通视时的夹角。外业检验采用相同精度的检验方法,检验比例及各项精度指标按相关规定的要求执行。

（2）内业数据检验

非 WGS84 系统作业时系统转换的正确性检查（转换点的选取及坐标正确性检查、系统转换残差的检查）；初始化卫星数、PDOP 值的检查；天线高输入的正确性检查（天线类型，天线高量取方式以及天线高量取位置输入的检查，测前、测后天线高较差检查）；重复观测记录数据内符合情况检查。

4. 注意事项

（1）网络 RTK 作业时应选择电离层、对流层活跃程度较小的时段进行。作业时应避开中午及下午两三点时间，因为此时段电离层是最活跃的时刻，GPS 解算影响较大，会导致解算精度降低，同时尽量在天气良好的状况下作业，避免雷雨天气。

（2）作业时锁定卫星数在 6 颗及以上成果才较为可靠。若少于 6 颗卫星，初始化需要很长的时间，而且解算精度较差，建议停止作业或者更换追踪能力更强的接收机进行作业。

（3）提高观测质量的方法。可以多次初始化观测值，比较各次观测值，剔除粗差，取平均值作为成果，从而保证测量成果的可靠性；有可能时，可以延长每点的观测时间，最好在 1d 内不同时间段进行观测，可以避免因卫星分布、卫星观测数目等因素造成的影响。为提高观测成果的精度及可靠性，观测人员在作业过程中应注意以下几个问题。

①提高对中、整平精度或流动杆放稳放直，确保流动站天线的稳定性。如有倾斜度，将会产生很大的点位偏移误差。

②精确丈量流动站天线的高度。

③确保基准站或流动站电力供应的稳定性。

④不能在天线附近 50m 内使用电台，不能在天线附近 10m 内使用对讲机。

⑤天气太冷时，接收机应适当保暖；天气太热时，接收机应避免阳光直接照晒，确保接收机正常工作。

⑥在穿越树林、灌木林时，应注意天线和电缆勿挂破、拉断，以保证仪器安全。

5. 资料整理和上交

网络 RTK 作业完成之后应认真总结作业方法、所遇到的问题，统计测量精度，做好测量技术小结的编写工作。网络 RTK 测量完成后，应提交下列资料。

（1）外业观测原始记录文件。

（2）控制点分布略图。

（3）坐标转换参数残差统计表。

（4）控制点成果表及等级控制点点之记。

（5）检核资料。

（6）技术总结。

附录A RTK测量技术设计书和技术总结的编写内容

第1部分 技术设计书编写内容

一、任务概述

（一）任务名称、测量阶段

（二）任务来源、目的、用途

（三）任务范围、内容、预计工作量

（四）完成期限

二、测区概况

根据需要说明与项目设计方案或作业有关的测区自然地理概况，内容可包括：工程概况、作业区的地形概况、地貌特征，居民地、道路、水系、植被等要素的分布与主要特征，地形类别、困难类别、海拔高度、相对高差等，作业区的气候特征等。

三、既有资料情况

既有资料主要包括：收集到的测区范围内控制点、地形图等。

说明既有资料的来源、施测年代、技术标准、等级，采用的平面、高程基准，资料的数量、形式、质量情况评价，利用的可能性和利用方案等。

四、主要作业技术依据

依据的规范、任务书、合同等其他技术文件。

五、坐标系统和高程系统

选择和设计满足工程需要的坐标系统、分带、投影方法等。对于高程系统要说明高程基准及成果年代。

六、测绘技术方案

（一）仪器设备

（二）人员组织及测量计划

（三）观测方案

对RTK基准转换、外业观测方法、技术要求、外业质量控制等详细说明。

（四）数据处理

七、拟采取的新工艺、新技术

八、质量、环境、安全保证措施

九、拟提交的测量成果资料

第2部分　技术总结编写内容

一、概述

（一）任务名称、测量阶段

（二）任务来源、目的、用途实现情况

（三）任务范围、内容、实际完成的工作量

（四）项目执行的起讫时间及主要勘测人员

二、测区概况

三、既有资料情况

四、主要作业技术依据

五、坐标系统和高程系统

六、测绘技术方案执行情况

主要说明、评价测绘技术设计文件和有关的技术标准、规范的执行情况。说明测量的方法，采用的仪器，精度等情况，数据处理方法，提供下序的数据格式等。

七、落实上级检查情况

八、成果质量说明和评价的主要内容

九、归档的成果及其资料清单

（一）基础资料及上序提供资料

包括：收集到的国家三角点、水准点资料、GPS控制点资料（含点之记）、专业提供线路设计等资料。

（二）成果资料

1. 坐标和高程转换成果、放样坐标、高程成果表、桩号标高表。

2. 曲线表、断链表。

3. 水文测量成果。

4. 纵、横断面测量成果。

5. 地形图等。

（三）原始资料

（四）质量记录

（五）电子文档

附录B｜RTK仪器常规检校表式

GPS 接收机常规检验记录表

<table>
<tr><td rowspan="2">仪器名称</td><td rowspan="2"></td><td rowspan="2">编号</td><td rowspan="2"></td><td>检验员</td><td colspan="2"></td></tr>
<tr><td>日期</td><td colspan="2"></td></tr>
<tr><td>作业内容</td><td colspan="6"></td></tr>
<tr><td rowspan="4">一般检视</td><td colspan="4">接收机及天线的外观是否良好</td><td>是</td><td>否</td></tr>
<tr><td colspan="4">各种部件及其附件是否齐全、完好</td><td>是</td><td>否</td></tr>
<tr><td colspan="4">需要紧固的部件是否紧固</td><td>是</td><td>否</td></tr>
<tr><td colspan="4">设备的使用手册是否齐全</td><td>是</td><td>否</td></tr>
<tr><td>通电检视</td><td colspan="4">通电后有关信号灯、按键、显示系统是否正常</td><td>是</td><td>否</td></tr>
<tr><td>检验校正</td><td colspan="3">检验</td><td colspan="3">校正</td></tr>
<tr><td>基座水准器</td><td>圆水准气泡是否居中</td><td>居中</td><td>不居中</td><td>圆水准气泡是否居中</td><td>居中</td><td>不居中</td></tr>
<tr><td>光学对中器</td><td>光学对中器中心与地面点中心的偏差小于1mm合格，大于1mm不合格</td><td><1mm</td><td>>1mm</td><td>光学对中器中心与地面点中心的偏差小于1mm合格，大于1mm不合格</td><td><1mm</td><td>>1mm</td></tr>
<tr><td>流动杆</td><td>流动杆气泡在1m处对点误差应小于1.5mm</td><td><1.5mm</td><td>>1.5mm</td><td>流动杆气泡在1m处对点误差应小于1.5mm</td><td><1.5mm</td><td>>1.5mm</td></tr>
<tr><td>备注</td><td colspan="6"></td></tr>
</table>

附录C｜参考点的转换残差及转换参数表

参考点地心坐标与地方坐标的转换残差

序号	参考点名(号)	平面残差(cm)	高程残差(cm)
参考点地心坐标与地方坐标的转换参数			
平面转换参数：			
高程转换参数：			

附录D | RTK外业观测记录格式

外业观测手簿主要记录作业日期、天气、作业人员、测区里程范围、转换参数求解所用的平面、高程控制点及残差情况；基准站点名、仪器名称、编号、天线高；流动站仪器名称、编号、天线高；检查点名、测量坐标、高程；流动站测设的桩号、加桩描述；如因技术等原因有某个范围无法作业，应记录不能加桩的原因及里程范围，并为便于使用其他手段进行测设而提供控制桩号及建议。

外业观测手簿样式如下。

项目名称 ________________

测量内容 ________________

RTK外业观测手簿

NO. 第__册共__册

（单 位 名 称）

目　录

序号	起讫点号、里程		记录页码		上承		下接		备注
	起	讫	起	讫	册	页	册	页	
1									
2									
3									
4									
5									
6									
7									
8									
9									
10									
11									
12									
13									
14									
15									
16									
17									
18									
19									
20									

仪器名称________________

标称精度________________

坐标系统________________

高程系统________________

填写者________________

日期____年____月____日

拾得此本者请按下面电话、地址联系，酌给报酬。谢谢！
地址：
邮编：
电话：

重要问题记载表

页数	问 题 摘 要	处理结果或意见	处理者

注:如记载不适宜 RTK 作业需要常规仪器测量的段落等。

范围__________日期_____年___月___日天气____

求参所用平面点____________________高程点_______________

残差:平面____mm 高程___mm 基准站点名______ 天线高_______m

量高方式______ 控制器编号____________ 作业名称____________

序号	点　　名	描　　述
1		
2		
3		
4		
5		
6		
7		
8		
9		
10		
11		
12		
13		
14		
15		
16		
17		
18		
19		
20		

观测者__________ 记录者______________ 复核者______________ ____年___月___日

参考文献

[1] 国家测绘局.CH/T 2009—2010　全球定位系统实时动态测量（RTK）技术规范[S]. 北京：测绘出版社，2010.

[2] 国家测绘局.CH/T 8018—2009　全球导航卫星系统（GNSS）测量型接收机RTK 检定规程[S]. 北京：测绘出版社，2009.

[3] 住房和城乡建设部.CJJ/T 73—2010　卫星定位城市测量技术规范[S]. 北京：中国建筑工业出版社，2010.

[4] 建设部.GB 50026—2007　工程测量规范[S]. 北京：中国计划出版社，2008.

[5] 铁道部.TB 10054—2010　铁路卫星定位测量规范［S]. 北京：中国铁道出版社，2010.

[6] 交通部.JTG/T C10—2007　公路勘测细则[S]. 北京：人民交通出版社，2007.

[7] 曹冲. 卫星导航常用知识问答[M]. 北京：电子工业出版社，2010.

[8] 周忠谟，等.GPS 卫星测量原理与应用[M].2 版 . 北京：测绘出版社，1997.

[9] 孔祥元，梅是义. 控制测量学[M]. 武汉：武汉大学出版社，2002.

[10] 李征航，黄劲松.GPS 测量与数据处理[M]. 武汉：武汉大学出版社，2005.

[11] 张希默，黄声享，姚刚.GPS 在建筑施工中的应用［M]. 北京：中国建筑工业出版社，2003.

[12] 魏二虎，黄劲松.GPS 测量操作与数据处理［M]. 武汉：武汉大学出版社，2004.

[13] 王广运，郭秉义，李洪涛. 差分 GPS 定位技术与应用［M]. 北京：电子工业出版社，1996.

[14] 徐绍铨，等.GPS 测量原理及应用［M]. 修订版 . 武汉：武汉大学出版社，2003.

[15] B.Hofmann-Wellenhof，等. 全球卫星导航系统——GPS，GLONASS，Galileo 及其他系统[M]. 程鹏飞，等，译. 北京：测绘出版社，2009.

[16] JeanMarie Zogg.GPS 卫星导航基础[M]. 北京：航空工业出版社，2011.

[17] 孔祥元，郭际明，刘宗泉. 大地测量学基础[M]. 武汉：武汉大学出版社，2001.

[18] 王兆祥. 铁道工程测量[M]. 北京：中国铁道出版社，1999.

[19] 黄俊华，等. 连续运行卫星定位综合服务系统建设与应用[M]. 北京：科学出版社，2009.

[20] 王明世，彭永超. 石油物探 RTK 测量作业新方法[J]. 石油地球物理勘探，2005.（S1）：134-138.

[21] 周立，王继刚.RTK 流动站误差影响分析与对策[J]. 测绘工程，2006（5）：47-50.

[22] 张冠军，于华. 中继站在 RTK 测量中的应用[C]// 测绘仪器装备创新与研究（2013）. 北京：测绘出版社，2013：265-267.

[23] 余小龙，胡学奎 .RTK 技术的优缺点及发展前景[J]. 测绘通报，2007（10）：39-41.

[24] 宁卫远. 实时动态测量任意基准站技术在地球物理勘探测量中的应用[J]. 全球定位系统，2011，36（1）：72-75.

[25] 张萌，丁克良. RTK 任意基准站技术的原理与应用[J] . 测绘通报，2013，增刊：62-65.

[26] 张冠军，张志刚. 应用 RTK 进行场地土方工程测量及其计算[J]. 测绘通报，2004（11）：66-67.

[27] 张冠军，宋继武. 关于编制新建铁路 GPS RTK 测量技术规程的建议[J]. 铁道勘察，2006（1）：5-7.

[28] 刘金喜，张冠军. 应用 GPS RTK 进行既有铁路里程丈量的精度分析[J]. 铁道勘察，2009（6）：14-16.

[29] 张冠军，等. 轨道测量对中置平装置：中国：CN103194941 A [P]. 2013-7-10.

[30] 刘向军，张冠军.GPS RTK 站场基线测量研究 [J]. 铁道勘察，2009（6）：34-35.

[31] 宋纪五，张冠军.GPS RTK 铁路中线测量质量控制方法研究[J]. 测绘通报，2012（增刊）：15-17.

[32] 张冠军. 铁路工程测量中几种平面坐标系的建立 [J]. 测绘工程，2010（2）：75-77.

[33] 王志强.RTK 技术在铁路站场极坐标测量中的应用[J]. 铁道勘察，2007（4）：21-23.

[34] 杨帆，徐健，徐卫东.GPS RTK 在航道测量中的应用初探[J]. 测绘通报，2001（2）：36-38.

[35] 美国 Trimble 公司.Trimble Geomatics OfficeTM（TGO V1.63）帮助文件，2002.

[36] 美国 Trimble 公司.Real-Time Kinematic Surveying Training Guide，2003.
[37] 瑞士 Leica 公司.Leica Geo Office（LGO V6.0)帮助文件.
[38] 高士民.SDCORS 系统用户指南山东卫星定位运营中心.2011.
[39] 宁波市规划局.NBCORS 网络 RTK 测量技术规定(试行).2010.